青少年应急自救知识

掌握应急自救知识，提高自我保

学生科普
重点推荐

突发事件防范与自救

了解应急自救知识，
提高自我保护意识，增强自我保护能力
运用知识、技巧，沉着冷静地化解危机

伊一记◎编著

河北出版传媒集团
河北科学技术出版社

图书在版编目(CIP)数据

突发事件防范与自救／伊记编著. --石家庄：河北科学技术出版社，2013.5（2021.2重印）
ISBN 978-7-5375-5881-5

Ⅰ.①突… Ⅱ.①伊… Ⅲ.①突发事件-安全教育-青年读物②突发事件-安全教育-少年读物 Ⅳ.①X4-49

中国版本图书馆 CIP 数据核字（2013）第 095484 号

突发事件防范与自救
tufa shijian fangfan yu zijiu

伊记 编著

出版发行	河北出版传媒集团
	河北科学技术出版社
地　　址	石家庄市友谊北大街 330 号（邮编：050061）
印　　刷	北京一鑫印务有限责任公司
经　　销	新华书店
开　　本	710×1000　1/16
印　　张	13
字　　数	160 千字
版　　次	2013 年 6 月第 1 版
	2021 年 2 月第 3 次印刷
定　　价	32.00 元

前言 Foreword

突发事件，是指突然发生，造成或者可能造成严重社会危害，需要采取应急处置措施予以应对的自然灾害、事故灾难、公共卫生事件和社会安全事件。在现代条件下，突发事件往往会危害社会、危及公共安全，成为突发公共事件，造成公共危机。

自然灾害、事故灾难、社会安全事件……无论哪一种灾害的发生，对于国家和人民来说，都是一种灾难。如何防范灾难事故的发生、如何在灾难发生后采取及时有效的措施予以控制和救助，不仅是政府应急管理要解决的问题，也是每一个有责任的中国人应该关注和了解的，更是青少年需要关注和学习的事情。

为此，我们编写此书献给青少年，增强他们的安全防范意识。本书注重系统性与实用性相结合，科学性与趣味性相结合，在一定程度上弥补了目前社会上对学生突发性危机教育的不足。该书包括自然灾害、事故灾难、社会安全事件等，并对各类型的突发事件防护与救助知识进行了系统而生动的阐述，内容涵盖面广，通俗易懂，趣味横生，文字表达贴近公众生活，符合学生跳跃性的思维特征和阅读习惯,具有鲜明的时代感和针对性。该书旨在引导广大学生加强突发事件防护救助的意识与能力,倡导积极健康科学的生活方式,顺应了当前形势发展的需要。

　　已经发生的灾难、造成的损失,也许我们无法挽回;将要发生的灾难,也许我们尚不能预见。但是,从已有的经历中吸取经验教训,是我们能够做到的。通过这些事件的鲜活再现,通过血和泪的教训以及可歌可泣的英雄事迹,让我们在学习中不断进步。

前言
Foreword

地震来临时的防范与自救

什么是地震 …………………………………… 2
震级和烈度 …………………………………… 3
地震前有哪些先兆 …………………………… 6
地震对人体的伤害 …………………………… 8
地震现场的特点 ……………………………… 10
如何做好地震防范工作 ……………………… 12
地震前的防范与措施 ………………………… 14
地震来临时的自救与互救 …………………… 15
震后自救与互救 ……………………………… 18
不幸被埋怎么办 ……………………………… 21

沙尘暴来临时的防范与自救

什么是沙尘暴 ………………………………… 24
沙尘暴的形成 ………………………………… 26
沙尘天气的分类 ……………………………… 27
沙尘暴的危害 ………………………………… 28
沙尘暴的应急措施 …………………………… 30

海啸来临时的防范与自救

什么是海啸 …………………………………… 32
海啸的危害有哪些 …………………………… 39
海啸发生前如何进行预防 …………………… 40
发生海啸的时候怎样自救 …………………… 42

滑坡、崩塌、泥石流来临时的防范与自救

什么是滑坡 ································· 44
滑坡有何征兆 ······························· 45
遭遇山体滑坡时如何自救 ··············· 46
什么是泥石流 ······························· 47
预防泥石流的注意事项 ··················· 48
身在山区如何远离泥石流 ··············· 49
什么是崩塌 ································· 50
崩塌的类型有哪些 ························· 51
发生山崩时该怎样自救 ··················· 52
滑坡与崩塌的关系 ························· 53
滑坡、崩塌与泥石流的关系 ············ 54

雪盲、雪崩、暴雪的防范与自救

什么是雪盲 ································· 56
雪盲的症状与处理 ························· 57
什么是雪崩 ································· 58
雪崩的类型 ································· 59
雪崩的预防与自救 ························· 61
暴雪预警信号 ······························· 62
遭遇暴雪怎么办 ···························· 64
什么是暴风雪 ······························· 66
国外应对暴风雪的妙法 ··················· 67
暴风雪降临时的自救技能 ··············· 68

火山喷发时的防范与自救

什么是火山喷发 ··· 70
火山喷发的类型有哪些 ································· 71
火山喷发有哪几个阶段 ································· 73
中国的火山喷发记录 ····································· 76
火山喷发的危害及逃生 ································· 77

遭遇台风时的防范与自救

什么是台风 ··· 80
台风有几种称呼 ··· 81
台风利弊 ··· 82
台风的监测和预报 ··· 83
台风的灾害破坏 ··· 84
台风来临的征兆 ··· 86
台风的应对措施 ··· 88

雷电来临时的防范与自救

什么是雷电 ··· 92
雷电发生的频率与特性 ································· 93
无法预测的雷击灾害 ····································· 94
雷电伤人的四种方式 ····································· 96
常见诱发雷电物体 ··· 98
遭遇雷电天气如何自我保护 ························· 99
雷击伤 ··· 101

水灾来临时的防范与自救

什么是洪水 …………………………………… 104
暴雨类型划分 ………………………………… 105
我国的暴雨洪水有哪些特点 ………………… 106
洪水暴发时如何做好防备 …………………… 108
水灾的伤害 …………………………………… 110
水灾的现场救援 ……………………………… 111
遇到山洪时如何迅速脱险 …………………… 113
水灾后常见疾病 ……………………………… 114
水灾后传染病的防治措施 …………………… 115

其他气象灾害的防范与自救

大雾 …………………………………………… 118
凝冻 …………………………………………… 120
寒潮 …………………………………………… 121

交通事故的防范与自救

交通事故的成因 ……………………………… 124
交通事故的预防与特点 ……………………… 126
交通救援的基本步骤与原则 ………………… 130
交通事故应急救援行动要求 ………………… 133
交通现场急救方法 …………………………… 134

火灾的防范与自救

火灾的成因及预防 …………………………………… 138
火灾的原生伤害和次生伤害 ………………………… 139
火灾的现场特点 ……………………………………… 141
造成火灾及其伤害的原因 …………………………… 142
火灾的自救与互救 …………………………………… 144
烧伤伤情判断 ………………………………………… 146
高楼着火时该如何逃生 ……………………………… 148
发现楼梯被火封锁后该怎么办 ……………………… 150
楼内房间被火围困时怎么办 ………………………… 151
公共、娱乐场所着火后该如何逃生 ………………… 152
列车、巴士着火后逃生方案 ………………………… 153
山林火灾逃生方案 …………………………………… 154

溺水的防范与自救

溺水致死原因 ………………………………………… 156
急救预案 ……………………………………………… 157
心肺复苏法 …………………………………………… 159
遇到溺水怎么办 ……………………………………… 162

常见急性中毒的自救互救

煤气中毒急救预案 …………………………………… 166
沼气中毒急救预案 …………………………………… 168
杀鼠药中毒急救预案 ………………………………… 169

常见食物中毒急救预案……………………………171
误服清洁剂急救预案………………………………173

日常生活中的突发事件

牙痛急救预案………………………………………176
鼻出血急救预案……………………………………178
呼吸道异物急救预案………………………………180
食管异物急救预案…………………………………182
冻伤急救预案………………………………………183
鱼刺卡喉急救预案…………………………………184
晕车、晕船时的急救措施…………………………185
呃逆时急救措施……………………………………186
遇到日用化学品中毒怎么办………………………187
抽搐如何处理………………………………………190
被狗咬伤如何处理…………………………………192
被猫抓伤如何处理…………………………………193
中暑的急救…………………………………………194
遭遇拥挤时的自救措施……………………………197

地震来临时的防范与自救

突发事件防范与自救

什么是地震

地震又称地动、地振动,是地壳快速释放能量过程中造成振动,期间产生地震波的一种自然现象。

全球板块构造运动地震是地球内部介质局部发生急剧的破裂,产生震波,从而在一定范围内引起地面振动的现象。地震就像海啸、龙卷风、冰冻灾害一样,是地球上经常发生的一种自然灾害。大地震动是地震最直观、最普遍的表现。

震级和烈度

震级是指地震的大小，是表征地震强弱的量度，是以地震仪测定的每次地震活动释放的能量多少来确定的。震级通常用字母 M 表示。我国目前使用的震级标准，是国际上通用的里氏分级表，共分 9 个等级。震级每相差 1.0 级，能量相差大约 30 倍；每相差 2.0 级，能量相差约 900 多倍。比如说，一个 6 级地震释放的能量相当于美国投掷在日本广岛的原子弹所具有的能量。一个 7 级地震相当于 32 个 6 级地震，或相当于 1000 个 5 级地震。

通常地震按震级大小划分为以下几类：

弱震震级小于 3 级。有感地震震级等于或大于 3 级、小于或等于 4.5 级。中强震震级大于 4.5 级、小于 6 级。强震震级等于或大于 6 级。其中震级大于等于 8 级的又称为巨大地震。

一般地震在不同的地方造成的伤害程度也不同。

为了衡量地震的破坏程度，科学家又"制作"了另一把"尺子"——地震烈度。在中国地震烈度表上，对人的感觉、一般房屋震害程度和其他现象作了描述，可以作为确定烈度的基本依据。影响烈度的因素有震级、震源深度、距震源的远近、地面状况和地层构造等。

一般情况下仅就烈度和震源、震级间的关系来说，震级越大震源越浅、烈度也越大。一次地震发生后，震中区的破坏最重，烈度最高，这个烈度称为震中烈度。从震中向四周扩展，地震烈度逐渐减小。所以，一次地震只有一个震级，但它所造成的破坏，在不同的地区是不同的。也就是说，一次地震，可以划分出好几个烈度不同的地区。这与一颗炸弹爆后，近处与远处破坏程度不同的道理一样。炸弹的炸药量，好比是震级；炸弹对不同地点的破坏程度，好比是烈度。

例如，1990年2月10日，常熟—太仓发生了5.1级地震，有人说在苏州是4级，在无锡是3级，这是错误的。无论在何处，只能说常熟—太仓发生了5.1级地震，但这次地震，在太仓的沙溪镇地震烈度是6度，在苏州地震烈度是4度，在无锡地震烈度是3度。

在世界各国使用的有几种不同的烈度表。西方国家比较通行的是改进的麦加利烈度表，简称M.M.烈度表，共分12个烈度等级。日本将无感定为0度，有感则分为Ⅰ至Ⅶ度，共8个等级。前苏联和中国均按12个烈度等级划分烈度表。中国1980年重新编订了地震烈度表。

中国地震烈度表

1度：无感——仅仪器能记录到；

2度：微有感——一个特别敏感的人在完全静止中有感；

3度：少有感——室内少数人在静止中有感，悬挂物轻微摆动；

4度：多有感——室内大多数人，室外少数人有感，悬挂物摆动，不稳器皿作响；

5度：惊醒——室外大多数人有感，门窗作响，家畜不宁，墙壁表面出现裂纹；

6度：惊慌——人站立不稳，家畜外逃，器皿翻落，简陋棚舍损坏，陡坎滑坡；

7度：房屋损坏——房屋轻微损坏，牌坊、烟囱损坏，地表出现裂缝及喷沙冒水；

8度：建筑物破坏——房屋多有损坏，少数路基塌方，地下管道破裂；

9度：建筑物普遍破坏——房屋大多数破坏，少数倾倒，牌坊、烟囱等崩塌，铁轨弯曲；

10度：建筑物普遍摧毁——房屋倾倒，道路毁坏，山石大量崩塌，水面大浪扑岸；

11度：毁灭——房屋大量倒塌，路基堤岸大段崩毁，地表产生很大变化；

12度：山川易景——一切建筑物普遍毁坏，地形剧烈变化，动植物遭毁灭。

例如，1976年唐山地震，震级为7.8级，震中烈度为11度。受唐山地震的影响，天津市地震烈度为8度，北京市烈度为6度，再远到石家庄、太原等就只有4~5度了。

地震前有哪些先兆

地震是世界上最严重的自然灾害之一。它往往在极短时间内给人以毁灭性的打击。近百年来，世界范围内因地震造成的死亡人数已达260万人左右，占各种自然灾害死亡人数的58%，因地震而受伤的人数是死亡人数的3倍。

人们把观察到的一些与地震发生有密切联系的震前异常现象称之为地震先兆。其特征如下。

（1）地下水的变化：地震前，由于地下岩层受到挤压或拉伸，使地下水位上升或下降；或地壳深部气体和某些物质随水溢出，而使地下水冒泡、翻油花、发浑、变味等。

（2）动物的异常反应：由于有些动物的感觉器官比人要灵敏得多，地震发生前，一些动物可出现异常反应，人们可据此来推测是否会发生地震。

如地震前一两天，牛、马等不进圈；鸡不进窝；鸭不下水；鸽子不回巢；蜜蜂一窝一窝地飞走；大老鼠叼着小老鼠搬家；狗狂叫不止，甚至对主人狂吠；鱼惊慌乱跳，游向岸边，翻白肚等。

（3）地光和地声：地震前从地下或地面发出的光及声音。

地震发生后如何进行自救互救？有哪些注意事项？

地震发生后的自救互救最好在震后 72 小时内进行，当然越早越好。地震资料统计发现，震后 20 分钟内可救出 37.55% 的伤员，救活率高达 98.3%；1 小时内可救出 85.8% 的伤员，救活率达 63.7%；若 2 小时内还不能得救，救活率就很小了。但是，只要被埋伤员有存活希望，寻找和救援工作就不会停止。四川汶川特大地震创造了伤员被埋 100 多小时还能被救活的生命奇迹。

地震对人体的伤害

地震灾害主要表现为造成巨大人员伤亡和严重经济损失。对人的伤害，主要是直接造成伤亡，诱发心身疾病，损害健康状况和造成心理、精神上的伤害。

1. 地震致人伤亡的原因

地震造成死亡，主要是以下几点：

（1）建筑物倒塌被砸死。这主要发生在倒塌的楼房或平房中，不少是被预制楼板或墙体直接砸死的。

（2）窒息而死。属于机械性伤害。据统计，闷死者占平房中死亡人数的30%~40%。

（3）饥饿而死。多数被压在多层预制板下难以施救，抢救不及时，精力耗尽、饥渴而死，占总死亡人数的20%~30%。

（4）次生灾害致死。地震可能引起许多次生灾害，如灾后瘟疫、洪灾淹溺、火灾烧伤、电击损伤、严寒冻伤等，能造成人员严重伤亡。

（5）患病而死。地震破坏了原有医疗卫生设备，新的救援设备跟不上，伤病得不到及时有效的治疗，导致患病而亡。

（6）惊吓跳楼或其他逃生方法不当致死。

2. 地震致人伤亡的比例

震区防灾、抗灾、防病能力以及房屋质量及其破坏程度与地震造成的人员伤亡是成反比的。国外资料显示，一般死伤比为1∶2.43，我国则为1∶2.79。通常情况下，靠近震中的重灾区的死亡比例相对高一些，而远离震中的轻灾区则会低一些。唐山大地震死亡24.3万人，重伤16.7万人，轻伤

54.0万人，死伤人数比为1∶2.92。在我国制订防震的比较切合实际的预计参数应该是1∶3。

3. 及时挖救对存活的影响

如果在24小时内，从废墟中救出伤员，就会有很大的存活率。半小时内挖出，可救活的比率为99.3%；第一天内挖出，可救活率为81.0%；第二天内挖出，可救活率为52.6%；第三天内挖出，可救活率为36.7%；第四天内挖出，可救活率为19.0%；第五天内挖出，可救活率仅为7.4%或更小。

地震现场的特点

1. 遭灾面积大

发生 4.5 级以上的地震，即有可能成为破坏性地震。地震灾害一旦发生往往涉及多个县、市、省，甚至多个国家，遭灾面积很大。

2. 次生灾害多，灾情复杂而严重

地震灾害常诱发或引起多种次生灾害，如火灾、水灾、海啸、滑坡、泥石流、毒气或放射物外泄中毒事件、交通事故以及灾后瘟疫扩散蔓延等，使救援工作更为困难。

3. 破坏严重

严重地震灾害的破坏力极强，甚至是毁灭性的。整个城市的建筑、生命供给系统、医院卫生设备、交通道路和桥梁都可毁于一瞬间。造成大批人员伤亡和社会失控甚至瘫痪。

4. 现场危险大

地震一旦发生，受损的建筑物随时都有可能塌倒，崩裂崩断的燃气管道、电线电缆可能引发燃爆和毒物泄漏等次生灾害，随时发生的余震也会增加地震现场的危险性。

5. 伤亡大

不同等级的地震造成不同数量的人员伤亡。轻则无人员伤亡，重则伤亡数十、数百、数万甚至数十万。而且，地震造成的身体伤害，通常较为严重，主要是头颅外伤、脊柱脊髓损伤、多脏器损伤、骨折、大出血、休克、挤压伤、烧伤以及心理—精神应激反应导致的各种心理—行为—精神障碍等，病情严重，抢救困难。

6. 要求综合救援

地震灾害带来的破坏力强，灾情严重复杂，人员伤亡巨大，社会功能损失惨重甚至失控瘫痪，必须依靠外来的综合救援，既要做好紧急医疗救援、卫生（防疫）救援，还要排险、救困、洗消、防爆等，难度很大，必须由救灾的各相关部门的通力合作，才能收效。更重要的是，必须平时加强防震减灾意识，切实按照防震减灾、救灾防病预案要求，扎扎实实做好防灾抗病准备工作，才能有效地应对地震灾害，将其伤害率降到最低。

如何做好地震防范工作

地震是地球内部缓慢积累的能量突然释放或因人为因素而引起的地球表层的振动而形成的建筑物破坏、山崩、滑坡、泥石流、地裂、地陷、喷沙、冒水等地表的破坏和海啸。因地震造成的次生灾害有火灾，水灾，煤气，有毒气体泄漏，细菌、放射物扩散，瘟疫等对生命财产造成的灾害。地震是一种危害极大的自然灾害。我国是个多地震的国家，发生在我国境内的地震具有频率高、强度大、震源浅及分布广等特点。因此，我国成为世界上地震伤亡人数最多的国家之一。对此，社会公众普遍怀有恐震心理，甚至谈震色变。

目前我国地震已开始进入活跃期。2008年5月12日，四川汶川发生了8级大地震。2008年8月25日西藏仲巴6.8级地震，8月30日攀枝花6.1级地震……人们感到困惑：这些地震之间是否有关联？下一次地震又会出现在哪里呢？

大多数人对地震感到非常困惑，原因就是前后的平静度。在汶川地震之前，从2005年4月到2007年5月，我国出现了近百年罕见的长达两年多无6级以上地震的平静段，经历了这么长时间的平静后，地震活动开始进

入了活跃期。

我们应该如何做好地震防御工作呢?

首先要重视对地震前兆知识的了解。

大地震前,经常会出现大量异常现象,包括动物行为异常、地下水异常,还有地声、地光等物理现象,但对类似地震的前兆,80%的人并未警觉。其实,地震都是有前兆的,这些前兆人们一般都能切身体会到。最明显的就是震前动物行为极为异常,出现烦躁、惊慌、不进食、不进圈(窝)、委靡不振、神情傻呆等反常行为。比如,大猫叼着小猫跑、牛羊不进圈、鸽子惊飞不回巢、冬天蛇出洞、蜜蜂群迁、鸡飞树上叫等。

地震前,地下水也会出现极为明显的异常现象。因为地下水埋藏于地层之中,地震前地球内部能量的变化会引起地下水位的上升、下降,造成井水翻花、冒泡、打旋、发浑、发响、变温、变味等现象。

此外,在发生地震前气象也会发生变化,主要包括震前风、霜、云、雾、声、光、电、地温、气温、日月光等现象异常。最明显的是震前会出现蓝、白闪光及带状、柱状或球状光等地光现象。另外,有些植物在震前也会表现出一些异常现象,比如成熟的南瓜会重新开花,果树提前发芽长叶等。

一般来说,动物的表现都有时间性,地震的震级越大,越接近临震,动物异常的种类及数量就越多,反应程度也就越强烈。比如牛、羊、马、猪在震前几小时至一天;老鼠在震前一至五天甚至半个月;鸡在震前一至两天;狗是在震前半小时至两天就会出现异常行为。

其次要重视对地震中自救与互救知识的了解。

地震前的防范与措施

（1）准备3日份的饮水、药品、干粮、手电筒、收音机、铁锥或斧头收纳在救急袋内，但需随时留意食物与电池的期限，放置在全家人便于取用位置，以防不时之需。

（2）准备消防设备，以面对地震后可能发生的火灾，留意灭火器的有效期限。

（3）先熟悉家庭周边的环境，以便灾难来临时迅速地看准避难场所。

（4）家人间应互相约定地震后应该如何联系及安全后的会合地点。

（5）应经常举行避难演习，建立自卫编组，以防地震时惊慌失措。

（7）较重物品应放置低处，并予以固定，以防地震时掉落造成伤害。

（6）建筑勿违法任意加盖，或拆除墙、柱、梁、板，以免破坏房屋结构。

（8）需记住自家附近的医院、警察局、救火队电话。

（9）定期检查瓦斯、电线管路，瓦斯桶应予以固定。全家人均应清楚总开关位置及关闭方法。

（10）应定期检查房子，如发现大裂缝应请专业人员加以检视或维修。

地震来临时的自救与互救

（1）顺手将门窗打开，避免因地震变形而无法逃生。

（2）就地寻找安全庇护处，千万不可慌张奔跑。若在室内，应立即躲避到承重墙较多之处，如厨房、厕所、墙角，或躲在坚固的家具、工作台、机器下面。身体尽量蜷曲，头上最好覆以棉被、衣服之类软物，以避免被砸伤。立即用毛巾或衣服捂住自己的嘴和鼻腔，防止灰尘进入口鼻腔引起窒息。不可搭乘电梯。

（3）若在郊外，则找空旷的地点，远离崖边、水边、车子。正在野外活动时，应尽量避开山脚、陡崖，以防滚石和滑坡。如遇山崩，要向滚石前进方向的两侧跑。正在海边游玩时，应迅速远离海边，以防地震引起海啸。

（4）避免附带的灾害，尤其是火灾，应紧急关闭所有的火源，包括电源和瓦斯。

（5）若在街上，迅速躲到骑楼支柱旁，远离玻璃、加油站、建筑工地

和天桥，并注意保护头部。

（6）相互救助。地震容易引发火灾，若发现任何灾害，要紧急求援，并量力而为帮助救援。救人要讲科学。一般应遵循先近后远、先救人后埋尸体、先易后难、先浅后深、先救命后救人、先排险后施救的原则。

（7）若不幸受困，千万要保持清醒及冷静，以敲打器物代替喊叫，绝对不要放弃求生意志。压埋于废墟中的人，要尽量保持嘴和胸部的空间，以便呼吸通畅；保持良好精神状态和顽强的求生欲望，不要失望，不要胡乱呼叫、无谓挣扎、浪费体力；要努力保持安静，尽力休息睡觉，保持体力，以延长存活时间，等待营救。

（8）发放呼救信号。

①用手机拨打"110""120"等求救呼号。

②在周围寻找水管、器皿等，反复敲击，示意求救。

③在夜晚，可用手电向废墟外发射一闪一亮的求救信号。如有阳光或月光射进，可利用眼镜片、破玻璃片或能反射光线的金属饰物，对准光线，摆动闪摇反光亮点，以引起营救者的注意，求得生机。

④等到有人经过或附近有人施救时，想方设法将身边的细碎石块频频抛出；或用衣物等伸出废墟，用力挥动；适当地大声呼救，但不要声嘶力竭地盲目呼喊以防失声或耗尽体力。

（9）躲避次生灾害的伤害。为了求生，要尽量躲避因余震或其他原因发生的再塌方伤害或坠落物的砸伤以及次生灾害的伤害。

（10）徒步避难。若有避难需要，例如余震频繁时，一定要用徒步的方式前往避难场所，千万不可开车，免得造成阻碍，影响紧急救援。千万不要因在旁观看热闹，而妨碍了救援活动。

（11）有些伤员被物体深埋或遮住，救援人员一时找不到他们。此时应想方设法寻找，可通过向家人或邻居问询；可边敲边听，倾听被掩埋人员的呼叫、挣扎声等；可利用训练有素的警犬和超声波仪器等方式搜寻生命迹象。

（12）在躲避时，不要顾及财物，灾害面前生命是最重要的，最好能随

手带几瓶水和一些食品，一旦被掩埋还可生存下去，为等待救援争取更长的时间。

（13）地震时，若人在车内，则应停车、熄火，让车远离高大建筑物。

（14）如何在列车内应对地震？应保持镇定并迅速关闭电源、水开关。打开门随手抓个垫子、被子等柔软物以保护头部，快速躲在坚固座椅旁，或者紧靠列车中央的墙站立。切忌靠近窗户，以防玻璃震破。不要在地震来临时慌张地跑向车外。火车正在行驶时，切勿紧急刹车，应减低车速，靠边停放。若行驶于高架桥上，应小心迅速驶离。

如何在站台应对地震？应迅速站立在空旷的地方，不可慌张地冲往站台外。要注意身体上方可能坠落的广告牌、盆景等坠落物。

震后自救与互救

自　　救

　　自救是地震后很重要的措施。保持镇静在地震中十分重要，很多遇难者并不是因房屋倒塌被砸伤或挤压伤致死，而是由于精神崩溃失去生存的希望，从而乱喊、乱叫，在极度恐惧中"扼杀"了自己。因为在喊叫的过程中会加速身体内的新陈代谢，增加氧的消耗，使体力下降，耐受力降低；同时，大喊大叫会让呼吸道吸入灰尘等杂物，易造成窒息从而增加不必要的伤亡。正确的态度应是在任何恶劣的环境，始终保持镇静，分析所处环境，积极寻找出路并等待救援。

　　砸伤和挤压伤是地震中常见的伤害。对于开放性创伤、外出血应首先止血，抬高患肢，同时呼救。像那种开放性的骨折，千万不能在现场进行复位，避免造成二次伤害，要及时用清洁纱布覆盖创面。

　　处理挤压伤时，应设法尽快解除重压。遇到大面积创伤时，要保持创面清洁，用干净的衣物等包扎创面并等待救援。

　　地震常引起许多"次生灾害"，火灾就是常见的一种。在大火中应尽快脱离火灾现场，脱下燃烧的衣帽，或用湿衣服覆盖身上，或卧地打滚，也可用水直接浇泼灭火。切忌用双手扑打火苗，否则会引起双手烧伤。

　　要预防破伤风和气性坏疽，注意饮食饮水卫生，防止大灾后的大疫。

互　救

地震发生后，由于交通、通信设施的中断，外界救援人员不可能即刻到达现场。抢救的时间越快，存活率越高。震后 20 分钟救活率达到 98.3%，震后 1 小时就下降到 63.7%，而震后 2 小时还救不出的人员中，因窒息死亡的人数占死亡总数的 58%。因此，地震后幸存人员要及时对埋压人员实施救助。先救近处的人，不论是家人、邻居，还是素不相识的陌生人，如果舍近求远，就会错过救人的良机。此外，还要注意优先救助青壮年、容易救的人、医护人员、解放军等，这样被救出的人也可以迅速加入到救援的队伍中来。

互救是最大限度的挽救生命的重要措施。通过了解、搜寻，肯定里面有埋藏人时，判断其埋压位置，用向废墟中喊话或敲击等方法传递营救信号。

营救过程中，要特别注意埋压人员的安全。使用的工具（如棍棒、铁棒、锄头等）不要伤及埋压人员。不要破坏了埋压人员所处空间周围的支撑条件，引起新的垮塌，使埋压人员再次遇险。

应尽快打通埋压人员的封闭空间，使新鲜空气流入，挖掘中如灰尘太大应喷水降尘，以免使埋压者窒息；对于埋压时间较长，一时难以救出的埋压者，可设法向其输送饮用水、食品和药品，以维持其生命。在进行营救行动之前，要有计划、有步骤地进行搜寻，对于暂时不宜挖掘的地方要暂不作处理。

在救人的过程中要先让被埋压者的头部从废墟中暴露出来，清除其口鼻内的尘土，以保证其呼吸畅通，对于伤害严重不能自行离开埋压处的伤者，应该设法清除其身上和周围的埋压物，再将被埋压者抬出废墟，切忌强拉硬拖埋压者，以免造成二次伤害。

对受伤、饥渴、窒息较严重、埋压时间较长的埋压者，在救出来时要用布蒙住眼睛，避免强光刺激，对伤者可以根据受伤程度的不同，采取包扎或送医疗点抢救治疗等措施。

震后进行紧急处理，以减少灾害损失

检查房屋中水、电、煤气管线有无损害，轻轻将门、窗打开，立即离开并向有关权责单位报告。有收音机的要尽快打开收音机听报道。检查房屋结构受损情况，尽快离开受损建筑物，疏散要走楼梯。尽可能穿着皮鞋等质地的鞋子，以防脚被震碎的玻璃及碎物弄伤。听从紧急计划人员的指示疏散，并注意余震。地震灾区，除非特准，切勿进入，并应严防歹徒趁机掠夺。

不幸被埋怎么办

如果在地震时不幸被埋压，周围又是一片漆黑，只有极小的空间，在精神上千万不能崩溃，要树立强烈的生存信念。相信会有人来救你，要千方百计保护自己。事实上，在1976年唐山地震时，被埋压的人数高达57万。在相对的科技条件下，通过自救和互救，成功脱险的人数达到了45万，占总数的79%。因此，被埋压不是世界末日，除非你失去了生存的意志。地震被埋压后成功获救的纪录最长时间甚至达到13天。

（1）首先要保护呼吸畅通，挪开头部、胸部的杂物，闻到煤气、毒气时，用湿衣服等物捂住口、鼻。

（2）扩大和稳定生存空间，用砖块、木棍等支撑残垣断壁，以防余震发生后，环境进一步恶化。

（3）避开身体上方不结实的倒塌物和其他容易引起掉落的物体。

（4）争取暴露双手和头部。

（5）听到地面有人时，要尽一切办法发出呼救信号。

（6）尽量保存体力，用石块敲击能发出声响的物体，向外发出呼救信号，不要哭喊、急躁和盲目行动，这样会消耗大量精力和体力，尽可能控制自己的情绪或闭目休息，等待救援人员到来。

（7）防止灰尘呛闷窒息。

（8）如果与外界联系不上，要分析判断自己被埋压的位置，开辟通道自救，但如果费时费力，难以脱险，应立即中止。

（9）寻找食物、水、药品，当面临被渴死的危险时，可以饮尿求生。

沙尘暴来临时的防范与自救

突发事件防范与自救

什么是沙尘暴

沙尘暴是我国西北地区和华北北部地区出现的强灾害性天气现象。近年来随着土地沙化、污染加重，沙尘暴也出现在华北、华东一带。大风把沙尘吹起，飞扬在空中，使空气变得十分混浊，水平能见度下降甚至接近于零，使白昼如同黑夜。"对面闻声不见人，白昼点灯仍昏黑。"沙尘暴不仅会造成房屋倒塌、交通供电受阻或中断，对人员造成严重威胁，还会破坏环境、污染空气、破坏作物生长，给国民经济建设和人民生命财产安全造成严重的损失和极大的危害。

据统计，我国北方地区仅2000年就遭受过15次沙尘暴的侵害。沙尘暴已经成为春季影响我国北方地区的主要灾害天气。它的主要特点就是空气质量差、能见度低、风速大，这其中的哪一条都会给都市居民的正常生活带来烦恼。

沙尘暴不光是给都市人的生活带来麻烦，严重的还将危及人们的生命。医学专家也发出警告，现在的大风沙尘天气，不仅行走时要注意安全，而且空气已属重度污染，极易引发呼吸系统疾病，这种天气最好不要出门。

　　因为与沙尘暴相伴的是狂风，所以，沙尘暴发生时人们应离河流、湖泊、水池远一些，以免被吹落水中溺水。沙尘暴可能诱发过敏性疾病、流行病及传染病。通常情况下，人的鼻腔、肺等器官对尘埃有一定的过滤作用，但沙尘暴这种剧烈天气现象带来的细微粉尘过多过密，极有可能使患有呼吸道过敏性疾病的人群旧病复发。即使是身体健康的人，如果长时间吸入粉尘，也会出现咳嗽、气喘等多种不适症状，导致流行病发作。此外，大风跨越几千千米，将沿途的病菌吹到下风向地区，其中可能包括一些传染病菌。

沙尘暴的形成

沙尘暴是一种风与沙相互作用的灾害性天气现象,它的形成与地球温室效应、厄尔尼诺现象、森林锐减、植被破坏、物种灭绝、气候异常等因素有着不可分割的关系。其中,人口膨胀导致的过度开发自然资源、过量砍伐森林、过度开垦土地是沙尘暴频发的主要原因。沙尘暴作为一种高强度风沙灾害,并不是在所有有风的地方都能发生,只有那些气候干旱、植被稀疏的地区,才有可能发生沙尘暴。在我国西北地区,森林覆盖率本来就不高,贫穷的西北人民还靠挖甘草、搂发菜、开矿发财,这些掠夺性的破坏行为更是加剧了这一地区的沙尘暴灾害。裸露的土地很容易被大风卷起形成沙尘暴甚至强沙尘暴。

近些年来,我国沙漠化及沙尘暴危害日趋严重。沙漠化面积从20世纪五六十年代的每年1560多平方千米,七八十年代的2100平方千米,发展到90年代的2460平方千米,目前已发展到3436平方千米。每年沙漠化吞噬的土地相当于一个中等面积的县,造成的直接经济损失达500多亿元。更为严重的是,沙漠化所引发的沙尘暴也日益频繁。不仅北京地区的沙尘暴较为严重,西安、沈阳等绝大多数北方城市都在遭受沙尘暴的袭击。近年来,春天的沙尘暴已经波及了南京、上海等地。过去,沙尘暴主要发生在春季,而现在即便是冬天也出现扬沙和沙尘暴天气,一些地区冬天甚至出现了"黄雪"。

沙尘天气的分类

沙尘天气分为浮尘、扬沙、沙尘暴和强沙尘暴四类。

浮尘是尘土、细沙均匀地浮游在空中，水平能见度小于 10 千米的天气现象。

扬沙是风将地面尘沙吹起，使空气相当混浊，水平能见度在 1～10 千米的天气现象。

沙尘暴是强风将地面大量尘沙吹起，使空气很混浊，水平能见度小于 1 千米的天气现象。

强沙尘暴是大风将地面尘沙吹起，使空气很混浊，水平能见度小于 500 米的天气现象。

沙尘暴的危害

沙尘暴作为一种灾害性天气，不仅因其强大的风力和浓厚的沙尘造成巨大的危害，而且沙尘暴过境，会在导线两端产生高电位，这种高电位轻则影响通信质量，重则使信号中断或造成错误，出现高压打火、输电网络跳闸、通信干扰等现象。有时还击穿线路设备，危害人身安全，造成重大事故。

1. 强风

大风破坏建筑物，吹倒或拔起树木电杆，撕毁农民塑料温室大棚和农田地膜等。此外，由于西北地区四五月正是瓜果、蔬菜、甜菜、棉花等经济作物出苗，生长子叶或真叶期和果树开花期，此时最不耐风吹沙打。轻则叶片蒙尘，使光合作用减弱，且影响呼吸作用，降低作物的产量；重则苗死花落，那就更谈不上成熟结果了。1993年5月5日，西北地区8.5万株果木花蕊被打落，10.94万株防护林和用材林折断或连根拔起。此外，大风刮倒电杆造成停水停电，影响工农业生产。1993年5月5日强风造成的停电停水，仅金昌市金川公司一家就造成经济损失8300万元。

2. 土壤风蚀

大风作用于干旱地区疏松的土壤时会将表土刮去一层，叫做风蚀。每次沙尘暴时，沙尘源和影响区都会受到不同程度的风蚀危害，风蚀深度可达

1～10厘米。1993年5月5日的沙尘暴平均风蚀深度达10厘米（最多50厘米），大风不仅刮走土壤中细小的黏土和有机质，而且还把带来的沙子积在土壤中，使土壤肥力大为降低。据估计，我国每年由沙尘暴产生的土壤细粒物质流失高达106～107吨，其中绝大部分粒径在10微米以下，对源区农田和草场的土地生产力造成严重破坏。此外，大风夹沙粒还会把建筑物和作物表面磨去一层，叫做磨蚀，也是一种灾害。

3. 沙埋

沙的危害主要是沙埋，以风沙流的方式造成农田、渠道、村舍、铁路、草场等被大量流沙掩埋，尤其是对交通运输造成严重威胁。因为风速大，风沙危害主要是风蚀，而在背风凹洼等风速较小的地形下，风沙危害主要是沙埋。例如，1993年5月5日沙尘暴中发生沙埋的地方，平均沙埋厚度为20厘米，最厚处达到了1.2米。

4. 大气污染

在沙尘暴源地和影响区，大气中的可吸入颗粒物（TSP）增加，大气污染加剧。以1993年"5·5"特强沙尘暴为例，甘肃省金昌市的室外空气的TSP浓度达到1016毫克/立方米，室内为80毫克/立方米，超过国家标准40倍。2000年3—4月，北京地区受沙尘暴的影响，有10天空气污染指数达到4级以上，同时影响到我国东部许多城市。3月24—30日，包括南京、杭州在内的18个城市的日污染指数超过4级。

5. 生命财产损失

1993年5月5日，发生在甘肃省金昌、武威、民勤、白银等地市的强沙尘暴天气，受灾农田253.55万亩，损失树木4.28万株，造成直接经济损失达2.36亿元，死亡50人，重伤153人。2000年4月12日，永昌、金昌、武威、民勤等地市强沙尘暴天气，据不完全统计仅金昌、武威两地市直接经济损失达1534万元。

6. 交通安全

沙尘暴天气经常影响交通安全，造成飞机不能正常起飞或降落，使汽车、火车车厢玻璃破损。使火车停运或脱轨。

沙尘暴的应急措施

为避免沙尘暴的危害，应采取以下措施：

（1）在出现沙尘暴时，应避免外出。

（2）必须外出时，应戴口罩或用纱巾蒙头，遮住眼、面；行走时不要靠近河边、水渠，以防发生意外。

（3）沙尘进入眼睛时，不要用力揉搓，以防视网膜损伤，应请人提起上眼皮吹掉或用棉花棒轻轻擦去沙尘，如无法去除沙尘，应迅速去医院就诊。

（4）当遇到沙尘暴时要快速躲避到室内，或就近蹲靠在避风沙的矮墙内侧，或抓住牢固物体。

（5）避免开窗，严重时，可用胶条对窗户进行封闭，以减少在家中受沙尘暴影响的程度。

（6）遇到能见度差、视线不好时，应停止行走，防止迷失方向。不要贸然过马路，可在商场、饭店暂避，或可在低洼地带稍候，但要离广告牌、树木远些，以免被砸伤。

（7）因为与沙尘暴相伴的是狂风。所以，沙尘暴发生时人们应离河流、湖泊、水池远一些，以免被吹落水中溺水。

（8）骑车、开车时要谨慎，减速慢行。

（9）由于沙尘暴时，气候也会比平日更为干燥，此时颗粒物很容易通过鼻腔的裂纹进入人体内部，建议人们多喝水，多吃清淡食物，不要购买街头露天食品。

（10）一旦发生慢性咳嗽并伴咳痰或气短、发作性喘憋及胸痛时，均需尽快就诊，求助于专业的医护人员，并在其指导下进行相应治疗。

海啸来临时的防范与自救

突发事件防范与自救

什么是海啸

海啸是一种具有强大破坏力的海浪。这种波浪运动引发的狂涛骇浪,汹涌澎湃,它卷起的海涛,波高可达数十米。这种"水墙"内含极大的能量,冲上陆地后所向披靡,往往对生命和财产造成严重危害。

水下地震、火山爆发或水下塌陷和滑坡等大地活动都可能引起海啸。

海啸在许多西方语言中称为"tsunami",词源自日语"津波",即"港边的波浪"("津"即"港")。这也显示出了日本是一个经常遭受海啸袭击的国家。目前,人类对地震、火山喷发、海啸等突如其来的灾变,只能通过观察、预测来预防或减少它们所造成的损失,还不能阻止它们的发生。

海啸通常由震源在海底下 50 千米以内、里氏地震规模 6.5 级以上的海底地震引起。海啸波长超过海洋的最大深度,在海底附近传播也没受多大阻滞,不管海洋深度如何,波都可以传播过去,海啸在海洋的传播速度为每小时 500～1000 千米,而相邻两个浪头的距离也可能远达 500～650 千米,当海啸波进入陆棚后,由于深度变浅,波高突然增大,它的这种波浪运动所卷起的海涛,波高可达数十米,并形成"水墙"。

由地震引起的波动与海面上的海浪不同，一般海浪只在一定深度的水层波动，而地震所引起的水体波动是从海面到海底整个水层的起伏。此外，海底火山爆发、土崩及人为的水底核爆也能造成海啸。此外，陨石撞击也会造成海啸，"水墙"可达百尺。而且陨石造成的海啸在任何水域都可能发生，不一定在地震带。不过陨石造成的海啸可能千年才会发生一次。

地震发生时，海底地层发生断裂，部分地层出现猛然上升或者下沉，由此造成从海底到海面的整个水层发生剧烈"抖动"。这种"抖动"与平常所见到的海浪大不一样。海浪一般只在海面附近起伏，涉及的深度不大，波动的振幅随水深衰减很快。地震引起的海水"抖动"则是从海底到海面整个水体的波动，其中所含的能量惊人。

海啸时掀起的狂涛骇浪，高度可达十多米至几十米不等，形成"水墙"。另外，海啸波长很长，可以传播几千千米而能量损失很小。由于以上原因，如果海啸到达岸边，"水墙"就会冲上陆地，对人类生命和财产造成严重威胁。

水下地震、火山爆发或水下塌陷和滑坡等激起的巨浪，在涌向海湾和海港时所形成的破坏性的大浪称为海啸。破坏性的地震海啸，只在出现垂直断层、里氏震级大于6.5级的条件下才能发生。当海底地震导致海底变形时，变形地区附近的水体产生巨大波动，海啸就产生了。

海啸的传播速度与它移行的水深成正比。在太平洋，海啸的传播速度一般为每小时两三百千米到1000多千米。海啸不会在深海大洋上造成灾害，正在航行的船只甚至很难察觉这种波动。海啸发生时，越在外海越安全。

一旦海啸进入大陆架，由于深度急剧变浅，波高骤增，可达20~30米，这种巨浪可带来毁灭性灾害。

在海啸来袭之前，海面为什么先是突然退到离沙滩很远的地方，一段

时间之后海水才重新上涨？

大多数情况下，出现海面下落的现象都是因为海啸冲击波的波谷先抵达海岸。波谷就是波浪中最低的部分，它如果先登陆，海面必然下降。同时，海啸冲击波不同于一般的海浪，其波长很大，因此波谷登陆后，要隔开相当一段时间，波峰才能抵达。

另外，这种情况如果发生在震中附近，那可能是另一种原因造成的：地震发生时，海底地面有一个大面积的抬升和下降。这时，地震区附近海域的海水也随之抬升和下降，然后就形成海啸。

海啸可分为4种类型。即由气象变化引起的风暴潮、火山爆发引起的火山海啸、海底滑坡引起的滑坡海啸和海底地震引起的地震海啸。

什么是地震海啸

地震海啸是海底发生地震时，由于海底地形急剧升降变动，引起的海水强烈扰动。海水先向突然变成低洼的地方涌去，随后翻回海面，形成一种特别长的大浪，两个波峰之间的距离，可达100千米以上。它在开阔的深水大洋中运动时，速度特别快，可达每小时七八百千米，但这时波涛并不特别汹涌，因为波峰之间距离太长，起落变化就不明显了，只是到了滨

海一带水高得多，形成巨浪冲上陆地，这就是我们看到的地震海啸。

地震海啸的机制有两种形式："下降型"海啸和"隆起型"海啸。

（1）"下降型"海啸：某些构造地震引起海底地壳大范围急剧下降，海水首先向突然错动下陷的空间涌去，并在其上方出现海水大规模积聚，当涌进的海水在海底遇到阻力后，即翻回海面产生压缩波，形成长波大浪，并向四周传播与扩散。这种下降型的海底地壳运动形成的海啸在海岸首先表现为异常的退潮现象。1960年智利地震海啸就属于此种类型。

（2）"隆起型"海啸：某些构造地震引起海底地壳大范围急剧上升，海水也随着隆起区一起抬升，并在隆起区域上方出现大规模的海水积聚，在重力作用下，海水必须保持一个等势面以达到相对平衡，于是海水从波源区向四周扩散，形成汹涌巨浪。这种隆起型的海底地壳运动形成的海啸波在海岸首先表现为异常的涨潮现象。1983年5月26日，日本海中部7.7级地震引起的海啸属于此种类型。

海震和地震海啸是一回事吗

海震和地震海啸是不是一回事呢？二者既有联系，又有区别。

在海底发生地震时，如果海底地形升降变动剧烈，其他条件也合适，这时可产生地震海啸；不具备这些条件，就不会产生海啸。但不管有无海

啸发生，海底发生地震，都会有地震波传到海面，引起海水扰动。这种扰动是纵波造成的，因为横波不能通过液体，传不到海面。所以当船只遇到海震时，如果震动相当强烈，船上的人可以感到上下颠簸，好像船只碰到礁上那种感觉，这是由纵波自下而上的冲击造成的。有时船上的人当时不知道是怎么回事，事后与地震观测记录核对，才知道是遇上了海震。这种情况显然和地震海啸是不同的。

规模很大的地震海啸

太平洋周围一带的深海沟附近，是强烈地震很多的地方，因而也是海啸发生最多的地方，像智利、秘鲁、日本、阿拉斯加半岛、堪察加半岛等靠近太平洋的滨海一带，以及一些岛弧附近，都是地震海啸的重要发源地。

1868年8月8日智利、秘鲁边界大地震，1877年5月9日智利伊基克大地震，1933年3月2日日本三陆大地震，1946年4月1日阿留申群岛的乌尼马克岛大地震，都引起了席卷整个太平洋的海啸，威力极大。如1946年的海啸从阿留申传到夏威夷群岛时仍有每小时将近800千米的速度，在夏威夷的希洛湾掀起的浪头高达十几米。1960年从智利来到夏威夷的海啸

虽然经历的旅程更长，但仍然保持每小时六七百千米的速度，浪高也曾达到 10 米以上。这次地震海啸给北美洲沿海、日本以及菲律宾都带来灾害。在日本，高达一丈多的巨浪，冲进了海港，冲上了陆地，淹没了码头，一些巨大的船只竟被推进大陆四五十米之远，压倒了居民房屋。

在海啸发源地附近，那里的波浪当然更为汹涌澎湃。1933 年日本三陆大地震时的海浪高达 20 多米，而最高纪录则是 1737 年发生在堪察加半岛南端洛帕特卡角的海啸，其浪高达到了 64 米。

在大西洋和印度洋中，地震不如太平洋周围一带强烈，因此地震海啸也不那么显著。但也发生过一次很有影响的地震海啸，就是 1755 年葡萄牙首都里斯本附近的地震所引起的海啸。这次地震和海啸给里斯本造成了巨大的损失，在 6 分钟内竟致死亡 6 万多人。当它传到加勒比海的时候，浪高还在 5 米以上。但以后再未发生过这样强烈的海啸。

地中海内希腊附近的科林斯湾，在 1963 年 2 月 7 日发生过一次奇特的海啸，这是 5 天前的一次小地震触发了海底山崩所产生的，造成了一定损失。

像日本、智利这种地方，本身就是容易发生地震海啸的场所。距离近，当然受到的威胁就大，特别是它们濒临着很深的海沟，离陆地不远的地方海水就已很深，海啸可以在还保持着很大的能量时就扑上岸。如果岸

边有宽阔的大陆架就不一样,这时海浪在前进的路上,会因与海底摩擦而失去不少能量,海边的岛屿、暗礁也起着防波堤的作用,等到它冲到岸边时已成强弩之末,不能造成什么危害了。我国沿海就是这种情况,所以尽管1960年智利大地震造成的海啸很大,对菲律宾乃至日本这些地方都造成了灾害,但对我国却没有什么影响。

我国没有海啸的历史记载,在海边也没有深海沟,一般情况下缺少产生地震海啸的条件。但如海岸附近发生强烈地震,激起海水扰动,有时甚至侵袭到岸上来,还是有可能发生海啸的,因此仍需注意。

海啸的危害有哪些

（1）溺水：当巨大海浪涌上陆地时，人们往往来不及躲避而发生群体溺水。

（2）外伤：海啸发生后，由于房屋、建筑物倒塌，可造成大量人员各种伤害。如颅脑伤、骨折，肌肉丰富部位如臀部、大腿受压时可产生致命的挤压综合征等。

（3）次生灾害：海啸产生的冲力，足以冲垮工厂设施，从而产生煤气中毒、触电、爆炸、化学品泄漏等。

（4）传染病流行：大量腐烂的尸体不能及时处理，造成环境和水源污染；食物变质、灾民过度集中和天气炎热等因素，都极易导致传染病流行。

海啸发生前如何进行预防

（1）去海边的时候，要注意附近地震的报告，发生地震海啸的最早信号是地面强烈震动，地震波与海啸的到达有一个时间差，正好有利于人们预防。地震是海啸的"排头兵"，如果感觉到较强的震动，就不要靠近海边、江河的入海口。如果听到有关附近地震的报告，要做好防海啸的准备。要记住，海啸有时会在地震发生几小时后到达离震源上千千米远的地方。

（2）潮汐有反常涨落，如果发现潮汐突然反常涨落，海平面显著下降或者有巨浪袭来，并且有大量的水泡冒出，都应以最快速度撤离岸边。

（3）海啸登陆时海水往往明显升高或降低，如果看到海面后退速度异常快，应立刻撤离到内陆地势较高的地方。

（4）当周围的动物出现反常的焦躁，就必须警觉了，动物是比人要敏感的。

（5）海啸前海水异常退去时往往会把鱼虾等许多海生动物留在浅滩，

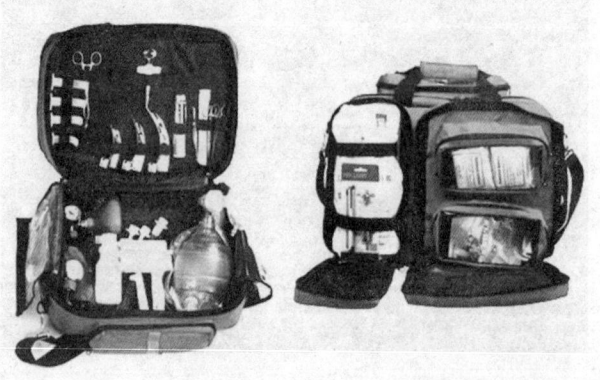

场面蔚为壮观。此时千万不要前去捡鱼或看热闹，应当迅速离开海岸，向内陆高处转移。

（6）每个人都应该有一个急救包，里面应该有足够72小时用的药物、饮用水和其他必需品。这一点适用于海啸、地震和一切突发灾害。

2004年圣诞节，10岁的英国女孩蒂莉·史密斯在印尼海啸发生时所做的事情就是一个例子。当天早晨，史密斯与家人在海滩散步，当看到"海水开始冒泡，泡沫发出咝咝声，就像煎锅一样"时，她凭借所学的科学知识，迅速判断出这是海啸即将到来的迹象。在她的警告下，约一百名游客在海啸到达前几分钟撤退，结果幸免于难。

发生海啸的时候怎样自救

（1）往高处跑，最好能跑到高地或者山上。

（2）能找到抗击力强的坚固建筑物也不错，一幢房子最安全的地方是洗手间，一般这里面积比较小，四根柱子之间的距离也比较小，相对牢固。

（3）往高的地方撤离，别往低洼的地方跑，海水会很快填满那里。

（4）如果在海啸时不幸落水，要尽量抓住木板等漂浮物，同时注意避免与其他硬物碰撞。

（5）在水中不要举手，也不要乱挣扎，尽量减少动作，能浮在水面随波漂流即可。这样既可以避免下沉，又能够减少体能的无谓消耗。

（6）如果海水温度偏低，不要脱衣服。

（7）尽量不要游泳，以防体内热量散失过快。

（8）不要喝海水。海水不仅不能解渴，反而会让人出现幻觉，导致精神失常甚至死亡。

（9）尽可能向其他落水者靠拢，既便于相互帮助和鼓励，又能扩大目标更容易被救援人员发现。

（10）人在海水中长时间浸泡，热量散失会造成体温下降。溺水者被救上岸后，最好放在温水里恢复体温，没有条件时也应尽量裹上被、毯、大衣等保温。注意不要采取局部加温或按摩的办法，更不能给落水者饮酒，饮酒只能使热量更快散失。给落水者适当喝一些糖水可以补充体内的水分和能量。

滑坡、崩塌、泥石流来临时的防范与自救

突发事件防范与自救

什么是滑坡

滑坡是指斜坡上的土体或者岩体，受河流冲刷、地下水活动、雨水浸泡、地震及人工切坡等因素影响，在重力作用下，沿着一定的软弱面或者软弱带，整体或者分散地顺坡向下滑动的自然现象。俗称"走山""垮山""地滑""土溜"等。

滑坡有何征兆

1. 滑坡来临前山坡有何变化

（1）土质滑坡张开裂缝的延伸方向往往与斜坡延伸方向平行，弧形特征较为明显，其水平扭动的裂缝走向常与斜坡走向直接相交，并较为平直。

（2）岩质滑坡裂缝的展布方向往往受到岩层面和节理面的控制。

（3）当地面裂缝出现时，有可能发生滑坡。

2. 滑坡到来前周围事物有哪些变化

（1）当斜坡局部沉陷，而且该沉陷与地下存在的洞室以及地面较厚的人工填土无关时，将有可能发生滑坡。

（2）山坡上建筑物变形，而且变形构筑物在空间展布上具有一定的规律，将有可能发生滑坡。

（3）泉水、井水的水质混浊，原本干燥的地方突然渗水或出现泉水，蓄水池大量漏水时，将有可能发生滑坡。

（4）地下发出异常响声，同时家禽、家畜有异常反应，将有可能发生滑坡。

遭遇山体滑坡时如何自救

当遇到滑坡正在发生时，首先应保持镇静，不可惊慌失措。

（1）遇到山体崩滑时，可躲避在结实的遮蔽物下，或蹲在地坎、地沟里。

（2）应注意保护好头部，可利用身边的衣物裹住头部。

（3）沿山谷徒步行走时，一旦遭遇大雨，要迅速转移到安全高地，不要在谷底过多停留。要迅速环顾四周，向较为安全的地段撤离。一般除高速滑坡外，只要行动迅速，都有可能逃离危险区段。跑离时，向两侧跑为最佳方向。当遇到无法跑离的高速滑坡时，更不能慌乱，在一定条件下，如滑坡呈整体滑动时，原地不动，或抱住大树等物，不失为一种有效的自救措施。

（4）注意观察周围环境，特别留意倾听远处山谷是否传来雷鸣般的声响，如听到要高度警惕，这很可能是泥石流将至的征兆。

（5）要选择平整的高地作为营地，尽可能避开有滚石和大量堆积物的山坡，不要在山谷和河沟底部扎营。

（6）发现泥石流后，要马上与泥石流成垂直方向两边的山坡上面爬，爬得越高越好，跑得越快越好，绝对不能往泥石流的下游走。

（7）仔细检查房屋各种设施是否遭到损坏。在重新入住之前，应注意检查屋内水、电、煤气等设施是否损坏，管道、电线等是否发生破裂和折断，如发现故障，应立刻修理。

什么是泥石流

泥石流是指在山区或者其他沟谷深壑，地形险峻的地区，斜坡上或沟谷中松散碎屑物质被暴雨或积雪、冰川消融水所饱和，在重力作用下，沿斜坡或沟谷流动的一种特殊洪流。它以极快的速度，发出隆隆巨响穿过狭窄的山谷，倾泻而下。所到之处，墙倒屋塌，一切物体都会被厚重黏稠的泥石覆盖。泥石流具有突然性以及流速快，流量大，物质容量大和破坏力强等特点。泥石流常常会冲毁公路、铁路等交通设施甚至村镇等，造成巨大损失。

预防泥石流的注意事项

1. 房屋不要建在沟口和沟道上

受自然条件限制,很多村庄建在山麓扇形地上。因此,在村庄选址和规划建设过程中,房屋不能占据泄水沟道,也不宜离沟岸过近;已经占据沟道的房屋应迁移到安全地带。

2. 保护和改善山区生态环境

泥石流的产生和活动程度与生态环境质量有密切关系。一般来说,生态环境好的区域,泥石流发生的频度低,在村庄附近营造一定规模的防护林,不仅可以抑制泥石流形成、降低泥石流发生频率,而且即使发生泥石流,也多了一道保护生命财产安全的屏障。

身在山区如何远离泥石流

人们在山区沟谷中生活、游玩时，如果遭遇大雨，要迅速转移到附近安全的高地，离山谷越远越好，不要在谷底过多停留。雨季穿越沟谷时，先要仔细观察，确认安全后再快速通过。山区降雨普遍具有局部性，沟谷下游是晴天，沟谷上游不一定也是晴天，长时间降雨或暴雨渐小之后或雨刚停不能马上返回危险区，泥石流常滞后于降雨暴发。白天降雨较多后，晚上或夜间密切注意雨情，最好提前转移、撤离。要避开河（沟）道弯曲的凹岸或地方狭小高度又低的凸岸；不要躲在陡峻山体下，防止坡面泥石流或崩塌的发生；不要停留在坡度大、土层厚的凹处，切忌在危岩附近停留，不能在凹形陡坡危岩突出的地方避雨、休息和穿行，更不能攀登危岩。

注意观察周围环境，特别留意远处山谷是否传来打雷般声响，如听到要高度警惕，这很可能是泥石流将至的征兆。根据各种现象判断泥石流发生之后应立即逃逸，自救方法参照滑坡时自救方法。

什么是崩塌

崩塌（又称崩落、垮塌或塌方）是较陡斜坡上的岩、土体在重力作用下突然脱离山体崩落、滚动，堆积在坡脚（或沟谷）的地质现象。大小不等，零乱无序的岩块（土块）呈锥状堆积在坡脚的堆积物称崩积物，也可称为岩堆或倒石堆。崩塌多发生在大于60°~70°的斜坡上。崩塌的物质，称为崩塌体。崩塌体为土质的，称为土崩；崩塌体为岩质的，称为岩崩；大规模的岩崩，称为山崩。崩塌可以发生在任何地带，山崩限于高山峡谷区内。崩塌体与坡体的分离界面称为崩塌面，崩塌面往往就是倾角很大的界面，如节理、片理、劈理、层面、破碎带等。崩塌体的运动方式为倾倒、崩落。崩塌体碎块在运动过程中滚动或跳跃，最后在坡脚处形成堆积地貌——崩塌倒石锥。崩塌倒石锥结构松散、杂乱、无层理、多孔隙。由于崩塌所产生的气浪作用，使细小颗粒的运动距离更远一些，因而在水平方向上有一定的分选性。

崩塌常导致道路中断、堵塞，或坡脚处建筑物毁坏倒塌，如发生洪水还可能直接转化成泥石流。更严重的是，因崩塌堵河断流而形成天然坝，引起上游回水，使江河溢流，造成水灾。

崩塌的类型有哪些

1. 根据坡地物质组成划分

（1）崩积物崩塌：山坡上已有的崩塌岩屑和沙土等物质，由于它们的质地很松散，当有雨水浸湿或受地震震动时，可再一次形成崩塌。

（2）表层风化物崩塌：在地下水沿风化层下部的基岩面流动时，引起风化层沿基岩面崩塌。

（3）沉积物崩塌：有些由厚层的冰积物、冲击物或火山碎屑物组成的陡坡，由于结构松散，形成崩塌。

（4）基岩崩塌：在基岩山坡面上，常沿节理面、地层面或断层面等发生崩塌。

2. 根据崩塌体的移动形式和速度划分

（1）散落型崩塌：在节理或断层发育的陡坡，或是软硬岩层相间的陡坡，或是由松散沉积物组成的陡坡，常形成散落型崩塌。

（2）滑动型崩塌：沿某一滑动面发生崩塌，有时崩塌体保持了整体形态，和滑坡很相似，但垂直移动距离往往大于水平移动距离。

（3）流动型崩塌：松散岩屑、砂、黏土，受水浸湿后产生流动崩塌。这种类型的崩塌和泥石流很相似，称为崩塌型泥石流。

发生山崩时该怎样自救

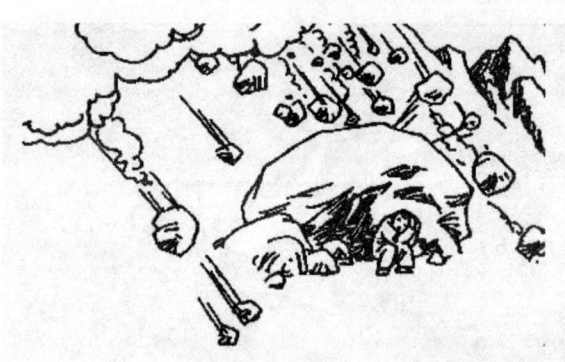

在山谷、山麓地区，由于地形、地势的关系，每到雨季，可能会受到山崩、塌方及泥石流的威胁。特别是在大雨和暴雨的冲击下，泥土和石块可顺着高坡发生山崩、泥石流及塌方。

发生山崩塌陷、泥石流时可引起外伤甚至将人埋住。如果人体全被埋住，引起窒息，很快会因缺氧、呼吸停止而引起心脏停止跳动而死。如果是局部挤压，由于头部、胸部仍露在外面，虽不致影响呼吸，但因被挤时间太长，土、石移走后会引起一系列严重症状，称之为"挤压综合征"。

发生山崩、塌方和泥石流时，要迅速跑出危险地带，要向山坡的两边速跑，不要在山坡下的房屋、电线杆、池塘、河边等处停留。若来不及逃离，用木板、书包、衣物等保护头部，防止被石块砸伤。

如果全部被埋住后，应尽量爬出来。实在爬不出时，要注意防止窒息，把头部露出来，或者挖一个孔通气。

待到救援人员将自己全身挖出来后，要待在空气流通处，迅速清除口鼻内的淤泥；若嘴唇黏膜干涸，则先用棉球蘸盐水湿润嘴唇，喝少量的盐糖水，然后逐渐少量地喝些豆浆、糖盐水或稀粥，注意休息，及时处理，以利于恢复。

滑坡与崩塌的关系

滑坡和崩塌如同孪生姐妹，甚至有着无法分割的联系。它们常常相伴而生，产生于相同的地质构造环境中和相同的地层岩性构造条件下，且有着相同的触发因素，容易产生滑坡的地带也是崩塌的易发区。例如宝成铁路宝鸡—绵阳段，即是滑坡和崩塌多发区。

崩塌可转化为滑坡：一个地方长期不断地发生崩塌，其积累的大量崩塌堆积体在一定条件下可生成滑坡。有时崩塌在运动过程中直接转化为滑坡运动，且这种转化比较常见。有时岩土体的重力运动形式介于崩塌式运动和滑坡式运动之间，以致人们无法区别此运动是崩塌还是滑坡。因此地质科学工作者称此为滑坡式崩塌或崩塌型滑坡。

崩塌、滑坡在一定条件下可互相诱发、互相转化：崩塌体击落在老滑坡体或松散不稳定堆积体上部，在崩塌的重力冲击下，有时可使老滑坡复活或产生新滑坡。滑坡在向下滑动过程中若地形突然变陡，滑体就会由滑动转为坠落，即滑坡转化为崩塌。有时，由于滑坡后缘产生了许多裂缝，因而滑坡发生后其高陡的后壁会不断地发生崩塌。另外，滑坡和崩塌也有着相同的次生灾害和相似的发生前兆。

滑坡、崩塌与泥石流的关系

滑坡、崩塌与泥石流的关系十分密切，易发生滑坡、崩塌的区域也易发生泥石流，只不过泥石流的暴发多了一项必不可少的水源条件。再者，崩塌和滑坡的物质经常是泥石流的重要固体物质来源。滑坡、崩塌还常常在运动过程中直接转化为泥石流，或者滑坡、崩塌发生一段时间后，其堆积物在一定的水源条件下生成泥石流。即泥石流是滑坡和崩塌的次生灾害。泥石流与滑坡、崩塌有着许多相同的促发因素。

影响泥石流形成的因素很多也很复杂。包括岩性构造、地形地貌、土层植被、水文条件、气候降雨等。泥石流既然是泥沙、石块与水体组合在一起并沿一定的沟床运（流）动的流动体，那么其形成就要具备三项条件，即水体、固体碎屑物及一定的斜坡地形和沟谷，三者缺一不可。水体主要源自暴雨、水库溃决、冰雪融化等。固体碎屑物来自于山体崩塌、滑坡、岩石表层剥落、水土流失、古老泥石流的堆积物及由人类经济活动如滥伐山林、开矿筑路等形成的碎屑物。其地形条件则是自然界经长期地质构造运动形成的高差大、坡度陡的坡谷地形。

雪盲、雪崩、暴雪的防范与自救

突发事件防范与自救

突发事件防范与自救

什么是雪盲

雪盲就是电光性眼炎，主要是紫外线对眼角膜和结膜上皮造成损害引起的炎症。特点是眼睑红肿，结膜充血水肿，有剧烈的异物感和疼痛。症状有怕光、流泪和睁不开眼，发病期间会有视物模糊的情况，是高山病的一种。阳光中的紫外线经雪地表面的强烈反射对眼部造成损伤，开始患者的两眼肿胀难忍，怕光、流泪、视物不清，久暴于紫外线者可见眼前黑影，暂时严重影响视力，故误认为"盲"。登山运动员和在空气稀薄的雪山高原上的工作者易患此病。配备能过滤紫外线的防护眼镜，可起预防作用。

雪盲的症状与处理

雪盲的主要症状有以下几种：
（1）突然发病，眼睑肿胀，皮肤发红，结膜充血、水肿。
（2）自感双眼异物感、剧烈疼痛、畏光、流泪、眼睑痉挛。
雪盲的现场急救措施为：
（1）反复用冷毛巾敷眼或冷水冲洗。
（2）用0.5%丁卡因或人奶、鲜牛奶滴眼，可起到止痛作用。
（3）滴抗生素眼药水或眼药膏，防止眼角膜损伤后继发感染。

什么是雪崩

当山坡积雪内部的内聚力抗拒不了它所受到的重力拉引时,便向下滑动,引起大量雪体崩塌,人们把这种自然现象称作雪崩。也有的地方把它叫做"雪塌方""雪流沙"或"推山雪"。同时,它还能引起山体滑坡、山崩和泥石流等可怕的自然现象。因此,雪崩被人们列为积雪山区的一种严重自然灾害。

雪崩的类型

松软的雪片崩落

降在背风斜坡的雪不像山脚下的雪那样堆积紧实。在斜坡背后会形成缝隙缺口。它可能给人的感觉很硬实和安全,但最细微的干扰或者一声枪响,就能使雪片发生崩落。

坚固的雪片崩落

这种情况下的雪片有一种欺骗性的坚固表面——有时走在上面能产生隆隆的声音,它经常是由大风和温度猛然下降造成。爬山者和滑雪者的运动就像一个扳机,能使整个雪块或大量危险冰块崩落。

空降雪崩

在严寒干燥的环境中,持续不断新下的雪落在已有的坚固的冰面上可能会引发雪片崩落,这些粉状雪片以每秒90米的速度下落。覆盖住口和鼻还有生存的机会,但被淹没后吸入大量雪就会引起死亡。

湿雪崩

在冰雪融化时更普遍。在冬天或春天,下雪后温度会持续快速升高,迫使新的潮湿的雪层不可能很容易就吸附于密度更小的原有的冰雪上。它的下滑速度比空降雪崩更慢,沿途带起树木和岩石,产生更大的雪球。当它停下时几乎马上就会凝固,很难进行抢救。

雪崩的预防与自救

雪崩是山地大量积雪突然崩落的现象。大量雪崩时，常夹带石块、折断树木，阻塞交通，甚至掩埋村屋，造成严重危害。

在雪崩发生时，应与雪流呈垂直向往旁边逃离，或躲在安全处；抛弃身上重物，一旦被埋压应迅速钻出雪堆；被雪浪推倒以后，要尽快爬出雪堆。

预防雪崩，应注意以下几点：

（1）注意当地的天气预报，熟悉居住环境，如地理位置、道路、联系方式等。

（2）下雪天，尽量不外出，如必须外出时，一定要带足干粮、饮料、保暖衣服、防雪盲眼镜等。

（3）熟悉国际呼救信号，即每6分钟用手电筒或打火机等照亮6次，停1分钟以后再反复进行，可引起目击者注意从而获得救援。

（4）在强降雪天气，避免在雪崩易发区域活动，外出时务必准备对讲机、雪崩绳（红色尼龙绳）、冰镐、滑雪板、背包等，切勿在雪崩区休息或在其冲击范围内搭建帐篷。

暴雪预警信号

暴雪预警信号分为四级，分别以蓝色、黄色、橙色、红色表示。

1. 暴雪蓝色预警信号

含义：12小时内降雪量将达4毫米以上，或者已达4毫米以上，且降雪持续，可能对交通或者农牧业有影响。

防御措施：

政府及有关部门按照职责做好防雪和防冻害准备工作。

交通、铁路、电力、通信等部门应当进行道路、铁路、线路巡查维护，做好道路清扫和积雪融化工作。

行人注意防寒防滑，驾驶人员小心驾驶，车辆应采取防滑措施。

农牧区和种养殖业要储备饲料，做好防灾和冻害准备。

加固棚架等易被雪压的临时搭建物。

2. 暴雪黄色预警信号

含义：12小时内降雪量将达6毫米以上，或者已达6毫米以上且降雪持续，可能对交通或者农牧业影响。

防御措施：

政府及相关部门按照职责落实防雪灾和防冻害措施。

交通、铁路、电力、通信部门应加强道路、铁路、线路巡查维护，做好道路清扫和积雪融化工作。

行人注意防寒防滑，驾驶人员小心驾驶，车辆应采取防滑措施。

农牧业区种业养殖业要备足饲料，做好防雪和防冻害准备。

加固棚架等易被雪压的临时搭建物。

3. 暴雪橙色预警信号

含义：6 小时内降雪量将达 10 毫米以上，或者已达 10 毫米以上且降雪持续，可能或已经对交通或农牧业造成较大影响。

防御措施：

政府及相关部门按照职责做好防雪和防冻害的应急工作。

交通、铁路、电力、通信等部门应加强道路、铁路、线路巡查维护，做好道路清扫和积雪融化工作。

减少不必要的户外活动。

加固棚架等易被雪压的临时搭建物，将户外牲畜赶入棚圈喂养。

4. 暴雪红色预警信号

含义：6 小时内降雪量将达 15 毫米以上，或者已达 15 毫米以上且降雪持续，可能或已经对交通或农牧业有较大影响。

防御措施：

政府及相关部门按照职责做好防雪灾和防冻害的应急和抢险工作。

必要时停课，停业（除特殊行业外）。

必要时飞机暂停起降，火车暂停运行，高速公路暂时封闭。

做好牧区等救灾救济工作。

遭遇暴雪怎么办

暴雪给人们的生活、出行带来了极端不便。当暴雪天气来临时，当地政府部门都会做暴雪预警信号应急预案，提醒人们做好各方面应对措施。

在遇到此类天气状况时可采取以下措施。

（1）关注气象部门关于暴雪的最新预报和预警信息。做好道路清扫和积雪融化准备工作。

（2）当大暴雪来临前要尽量减少外出活动，特别是尽可能减少车辆的外出，并在安全的地方躲避。

（3）不要在不结实不安全的建筑物内停留。尽量待在室内，不要外出。关好门窗，固定好室外搭建物。要注意添衣保暖，做好防寒保暖准备，尤其是要做好老弱病患的防寒工作，储备足够的食物和水以备不时之需。

（4）如果在室外，要采取保暖防滑措施，当心路滑摔倒。要远离广告牌、临时搭建物和树木，防止被砸伤。在路过桥下、屋檐等处时，要小心观察或绕道通过，以免因冰凌融化脱落而受伤。

（5）司机要采取防滑措施，注意路况交通，听从交警指挥，服从交通疏导安排，慢速驾驶。驾车时要慢速行驶。车辆拐弯前要提前减速，避免踩急刹车。出现交通事故后，应在现场后方设置明显标志，以防连环撞车事故发生。

那么如何防范呢？

（1）防冻抗寒。尽量减少外出，随时收听天气预报，关好门窗，紧固室外搭建物，防止家中的用水设备（水管、水箱）冻裂。若外出，戴好帽子、围巾、手套和口罩，服装也应以保暖性强的棉服为主。注意保持体温；

保证内衣干燥,穿好防滑御寒的鞋子,脚在出汗以后易发生冻伤;硬而紧的鞋子妨碍脚部的血液循环也易发生冻伤。当脚趾有麻木感时,可踏步运动,以促进血液循环。

(2)抵御饥寒。储备充足的食物和水源。及时增加足够的营养物质,高热量的蛋白质、脂肪类的食物应该比平常有所增加。酒精和水不能增加热量,寒冷时绝对不要饮酒。

(3)保护自身安全。雪地摔倒后不要急于起身,应当首先查看大腿、腰部以及手腕是否摔伤。一般大腿和手腕骨折较轻的,还可勉强活动;如果腰部疼痛,千万不要随意乱动,因为腰椎骨折后随意活动,很可能造成关节脱位,严重时下肢可能瘫痪。此时应尽快呼救,救人者也不宜随意抱动伤者,而是要用硬木板将伤者抬到医院,或拨打120急救电话由专业医护人员救助。

(4)防止疾病。不要单独行动,最好和亲朋好友在一起。彼此观察对方身体状况。如有异状,及时采取措施防止疾病恶化和传染。发现患者体温过低时,要防止身体热量进一步散发,应将其置身室内避风,脱去潮湿的衣服,每脱一件外套,换上干衣。不要让患者直接躺于地面,要采取保暖措施。患者清醒时,让其饮用热饮料,食用含糖食品。

什么是暴风雪

冬春季节，在强冷空气暴发南下时，常常形成强降温和大风伴随降雪或大风卷起地面积雪天气，飞雪随风弥漫。一片白茫茫，能见度极低，这就是"暴风雪"，气象上称为"吹雪"或"雪暴"。

一般牲畜的抗寒能力大于抗热能力。在暴风雪天气中，因非蒸发性散热加大，牲畜机体在维持一段时间的热调节平衡之后，体温将逐渐下降。据测定，在低温和大风环境中，绵羊的体温降到28℃左右时可导致死亡。在春季，牧草枯黄且数量少，质量低，畜体衰弱膘情很差，御寒能力降低。当遇到暴风雪袭击时，会使畜群惊恐不安，往往因辨不清方向而随风狂奔不止，无法赶拢回圈，常常掉进湖泊或掉下山崖，摔死冻死。怀孕母畜在逆境中奔跑，容易导致机械性流产；即使在棚圈内，因避风雪寒，常常互相上垛，挤压取暖，也会使怀孕母畜流产，有的活活被压死。有的幼畜甚至食污雪或结冰牧草，引起恶性传染病的暴发，导致幼畜死亡率剧增。因此，暴风雪是牧业生产上的灾害性天气之一。例如，1966年2月至4月初新疆伊犁、塔城、阿勒泰等地区连续出现暴风雪天气，积雪深度达25~45厘米，其中阿勒泰2月最大积雪深度达73厘米，稳定积雪持续到4月16日才结束。风力一般有6~7级，有的达9~10级。暴风雪及低温积雪使全疆损失牲畜达411万头（只），仅阿勒泰地区就损失达100万头（只），占该地总数的40%以上。

国外应对暴风雪的妙法

美国人从孩提时代，就接受如何应对大雪、暴雨等自然灾害的安全教育。2005 年美国东北部遭受暴雪袭击，造成 15 万户停电，由于人们早就做好准备，家中储藏了防寒物资，因此并未对人们生活造成很大影响。

为防"雪后大堵车"，德国有法律规定，如果大雪后车主敢把车辆停靠在主要街道两旁阻碍交通，就将面临数百欧元罚款，同时还得自掏腰包支付拖车费用。在美国一些城市，市政府要求房主必须在雪停后的第二天中午前把雪清扫干净，否则初犯者将被罚 100 美元，如果一个冬季被罚 3 次，还将面临 90 天的监禁。

而一年中要面对 5 个月冰雪天气的欧洲人，更有自己的一套。欧洲人一到冬天就在车里备一套安全工具，包括急救包、换洗衣服、靴子、帽子、手套、毯子、不易坏的食物、水、手电筒及应急物品。在欧洲考驾照时，申请人也必须通过冰上驾驶训练和考试。

暴风雪降临时的自救技能

身陷突如其来的暴风雪该如何自救？2005年5月13日，青海省海西蒙古族藏族自治州茫崖地区发生百年不遇的特大暴风雪，当时正在野外作业的96名勘探队员身陷暴风雪，虽经各方全力营救，最后仍有15人遇难。这些遇难者主要是由于体力不支、走错方向，加上精神恐慌，致使最终反应麻木放弃求生的努力而遭不幸。遭遇暴风雪求生自救最重要的是把握以下几点：

首先，保存体力，不要盲动。如果被围困在车上，待在车中最安全，贸然离开车辆寻求帮助十分危险。开动发动机提供热量，注意开窗透气，燃料耗尽后，尽可能裹紧所有能够防寒的东西，并在车内不停地活动。如果孤身于茫茫雪原或山野，露天受冻、过度活动会使体能迅速消耗，此时求生应减去身上一切不必要的负重，在合适的地域挖个雪洞避身，只要物质充分，这种方式可以坚持几天时间。

其次，调整心态，适时休息。遭遇暴风雪会由于恐惧、孤独、疲劳而造成生理、心理素质下降，此时保持稳定的心态、正确判断方位和决定路线极为重要。疲劳时要适时休息，走到筋疲力尽时才休息十分危险，许多人一睡过去就不再醒来。正确的方法是走一段，停下来休息一会儿，调整呼吸，休息时手、脚要保持活动并按摩脸部。

另外，要相互激励，保持"兴奋"。思维迟钝产生的头脑麻木十分危险，暴风雪中必须保持"兴奋状态"。此时团队精神特别重要，同行者相互搀扶、相互激励，才更有希望获救。在此次救援中，营救人员找到快要冻僵的伤员后不断地对他们进行面部抽打，使之一直处于"兴奋状态"，才成功地带领他们走出风雪绝境。

火山喷发时的防范与自救

突发事件防范与自救

什么是火山喷发

地幔物质在地球内部动力的作用下不断运动,当岩浆中的气体成分游离出来,内压力增大到一定极限时,岩浆就会顺地壳裂隙或薄弱地带喷出地表,形成火山喷发。

火山喷发是一种严重的地质灾害,从1000年以来,全球已经有几十万人死于火山喷发。

火山喷发是岩浆等喷出物在短时间内从火山口向地表的释放。由于岩浆中含大量挥发成分,加上覆岩层的围压,使这些挥发成分溶解在岩浆中无法溢出,当岩浆上升靠近地表时,压力减小,挥发成分急剧被释放出来,于是形成火山喷发。火山喷发是一种奇特的地质现象,是地壳运动的一种表现形式,也是地球内部热能在地表的一种最强烈的显示。

火山活动能喷出多种物质,在喷出的固体物质中,一般有被爆破碎了的岩块、碎屑和火山灰等;在喷出的液体物质中,一般有熔岩流、水、各种水溶液以及水、碎屑物和火山灰混合的泥流等;在喷出的气体物质中,一般有水蒸气和碳、氢、氮、氟、硫等的氧化物。除此之外,在火山活动中,还常喷射出可见或不可见的光、电、磁、声和放射性物质等,这些物质有时能置人于死地,或使电、仪表等失灵,使飞机、轮船等失事。

火山喷发的类型有哪些

火山喷发的强弱与熔岩性质有关，喷发时间也有长有短，短的几小时，长的可达上千年。按火山活动情况可将火山分为三类：活火山、死火山和休眠火山。其中休眠火山指在人类历史的记载中曾有过喷发，但后来一直未见其活动，世界上大约有500座活火山。

因岩浆性质、地下岩浆库内压力、火山通道形状、火山喷发环境（陆上或水下）等诸因素的影响，使火山喷发的形式有很大差别，一般有以下一些分类。

1. 裂隙式喷发

岩浆沿着地壳上巨大裂缝溢出地表，称为裂隙式喷发。这类喷发没有强烈的爆炸现象，喷出物多为基性熔浆，冷凝后往往形成覆盖面积广的熔岩台地。如分布在中国西南川、滇、黔三省交界地区的二叠纪峨眉山玄武岩和河北张家口以北的第三纪汉诺坝玄武岩都属裂隙式喷发。现代裂隙式喷发主要分布于大洋底的洋中脊处，在大陆上只有冰岛可见到此类火山喷发活动，故又称为冰岛型火山。

2. 中心式喷发

地下岩浆通过管状火山通道喷出地表，称为中心式喷发。这是现代火山活动的主要形式，又可细分为三种。

（1）宁静式：火山喷发时，只有大量炽热的熔岩从火山口宁静溢出，顺着山坡缓缓流动，好像煮沸了的米汤从饭锅里沸溢出来一样。溢出的以基性熔浆为主，熔浆温度较高，黏度小，易流动。含气体较少，无爆炸现象，夏威夷诸火山为其代表，又称为夏威夷型。人们可以尽情地欣赏这类火山。

（2）中间式：属于宁静式和爆烈式喷发之间的过渡型，此种类型以中基性熔岩喷发为主。若有爆炸时，爆炸力也不大。可以连续几个月甚至几年，长期平稳地喷发，并以伴有间歇性爆发为特征。以靠近意大利西海岸利帕里群岛上的斯特朗博得火山为代表，该火山每隔2～3分钟喷发一次，夜间在50千米以外仍可见火山喷发的光焰，故而被誉为"地中海灯塔"。又称斯特朗博得式。有人认为我国黑龙江省的五大连池火山属于这种类型。

（3）爆烈式：火山喷发时，产生猛烈的爆炸，同时喷出大量的气体和火山碎屑物质，喷出的熔浆以中酸性熔浆为主。1902年12月16日，西印度群岛的培雷火山喷发震撼了整个世界。它喷出的岩浆黏稠，同时喷出大量浮石和炽热的火山灰。这次造成26 000人死亡的喷发，就属此类，也称培雷型。

火山喷发有哪几个阶段

1. 气体的爆炸

在火山喷发的孕育阶段，由于气体出溶和震群的发生，上覆岩石裂隙化程度增高，压力降低，而岩浆体内气体溶出量不断增加，岩浆体积逐渐膨胀，密度减小，内部压力增大，当内部压力大大超过外部压力时，在上覆岩石的裂隙密度带发生气体的猛烈爆炸，使岩石破碎，并打开火山喷发的通道，首先将碎块喷出，相继而来的就是岩浆的喷发。

2. 喷发柱的形成

气体爆炸之后，气体以极大的喷射力将通道内的岩屑和深部岩浆喷向高空，形成了高大的喷发柱。喷发柱又可分为三个区。

（1）气冲区：它位于喷发柱的下部，相当于整个喷发柱高度的1/10。因气体从火山口冲出时的速度和力量很大，虽然喷射出来的岩块等物质的密度远远超过大气的密度，但它也会被抛向高空。气冲的速度，在火山通道内上升时逐渐加快，当它喷出地表射向高空时，由于大气的压力和喷气能量的消耗，其速度逐渐减小，被气冲到高空的物质，按其重力大小在不同的高度开始降落。

（2）对流区：位于气冲区的上部，因喷发柱气冲的速度减慢，气柱中的气体向外散射，大气中的气体不断加入，形成了喷发柱内外气体的对流，因此称其为对流区。该区密度大的物质开始下落，密度小于大气的物质，靠大气的浮力继续上升。对流区气柱的高度较大，约占喷发柱总高度的7/10。

（3）扩散区：位于喷发柱的最顶部，此区喷发柱与高空大气的压力达到基本平衡状态。喷发柱不断上升，柱内的气体和密度小的物质是沿着水平方向扩散的，故称其为扩散区。被带入高空的火山灰可形成火山灰云，火山灰云能长时间地飘在空中，对区域性的气候带来很大影响，甚至会造成灾害。此区柱体高度占柱体总高度的2/10左右。

3. 喷发柱的塌落

喷发柱在上升的过程中，携带着不同粒径和密度的碎屑物，这些碎屑物依着重力的大小，分别在不同高度和不同阶段塌落。决定喷发柱塌落快慢的因素主要有4点：

（1）火山口半径大的，气体冲力小，柱体塌落得就快。

（2）若喷发柱中岩屑含量高，并且粒径和密度大，柱体塌落得就快。

（3）若喷发柱中重复返回空中的固体岩块多，柱体塌落得就快。

（4）喷发柱中若有地表水加入，可增大柱体的密度，柱体塌落得就快。反之，喷发柱在空中停留时间长，塌落得就慢。

火山喷发并非千篇一律，像夏威夷基拉韦厄火山那样的喷发，事前熔岩已静静地流出，由于熔岩流动缓慢，因而只破坏财产而没有危及生命。而像1883年印尼喀拉喀托火山那样的火山碎屑喷发或蒸汽爆炸（或蒸汽猛烈爆发），则造成人员的重大伤亡。

英国科学家对这种超级火山喷发所造成的后果

曾有过详细的描述——很大一片地域会被熔岩覆盖，而且撒向大气层的尘土和灰烬将会使不少阳光到达不了地球表面，这无疑会使全球性的气候发生变化。

据纽约大学的迈克尔·拉姆皮诺称，发生于7.4万年前的苏门答腊火山的超强度喷发曾导致全球变冷和北半球3/4的植物毁于一旦。

最新科学发现表明，火山喷发产生的气体可能是过去5.45亿年间大量物种——包括恐龙灭绝的原因。

在火山喷发过程中，挥发性物质充当了重要的角色，它不仅是火山喷发的产物，更是火山喷发的动力。从岩浆的产生到火山喷发的整个过程，挥发性物质的活动一直在起作用。

科学家认为，人类有可能在一次超强度的火山喷发中毁灭。目前还没有任何办法可以阻止这种灾难。当前科学家们正在忙着制订种种抵抗"外部威胁"的战略，比如说如何阻止小行星同地球相撞，却很少去考虑主要危险有可能来自地球内部。地球物理学家们断言，有些火山的喷发强度要比过去的大好几百倍，而且地球在出现文明前不久曾经历过如此大规模的灾难。

美国地质学家早些时候曾在黄石国家公园发现了不太深的火山灰死层，认为其形成的原因是发生在62万年前的一次超级火山喷发，结果是至今这里还可以见到一些漏斗形的大坑，它们都是那些毁灭性火山喷发后形成的破火山口。

中国的火山喷发记录

中国最早记录的活火山是山西大同聚乐堡的昊天寺，它在北魏（公元5世纪）时还在喷发；东北的五大连池火山在1719—1721年，还猛烈喷发过，其情景是："烟火冲天，其声如雷，昼夜不绝，声闻五六十里，其飞出者皆黑石硫黄之类，经年不断……热气逼人30余里"。

1916年和1927年，台湾东部海区的海底火山先后喷发过两次，呈现出"一半是海水，一半是火焰"的景象，蔚为壮观。

1951年5月，新疆于田以南昆仑山中部有一座火山喷发，当时浓烟滚滚，火光冲天，岩块飞腾，轰鸣如雷，整整持续了好几个昼夜，堆起了一座145米高的锥状体。

火山喷发的危害及逃生

最具威力、最壮观的火山爆发常常发生在俯冲带。这里的火山可能在沉寂数百年之后再度爆发，而一旦爆发，威力就特别猛烈。这样的火山喷发常常会给人类造成严重危害。

1. 影响全球气候

火山爆发时喷出的大量火山灰和火山气体，对气候造成极大的影响。因为在这种情况下，昏暗的白昼和狂风暴雨，甚至泥浆雨都会困扰当地居民长达数月之久。火山灰和火山气体被喷到高空中去，它们就会随风散布到很远的地方。这些火山物质会遮住阳光，导致气温下降。此外，它们还会滤掉某些波长的光线，使得太阳和月亮看起来就像蒙上一层光晕，或是泛着奇异的色彩，尤其在日出和日落时能形成奇特的自然景观。

2. 熔岩

会坚持向前推进，直到到达谷底或者最终冷却。它们毁灭所经之处的任何东西。在火山的各种危害中，熔岩流可能对生命的威胁最小，因为人们能跑出熔岩流的路线。

3. 破坏环境

火山爆发喷出的大量火山灰和暴雨结合形成泥石流能冲毁道路、桥梁，淹没附近的乡村和城市，使无数人无家可归。泥土、岩石碎屑形成的泥浆可像洪水一般淹没整座城市。岩石虽被火山灰云遮住了，但火山刚爆发时仍可看到被喷到半空中的巨大岩石。

4. 喷射物

火山喷射物大小不等，从卵石大小的碎片到大块岩石的热熔岩"炸弹"都有，能扩散到相当大的范围。而火山灰则能覆盖更大的范围，其中一些灰尘能被携至高空，扩散到全世界，进而影响天气情况。在更广阔的区域，也许没有必要逃离。

5. 火山灰

火山灰并不是灰，而是呈蒸汽和气体云状的喷薄而出的粉末状岩石。它具有刺激性，其重量能使屋顶倒塌。火山灰可窒息庄稼、阻塞交通路线和水道，且伴随有有毒气体，会对肺部产生伤害，特别是对儿童、老人和有呼吸道疾病的人。只有离火山喷发处很近、气体足够集中时，才能伤害到健康的人。但当火山灰中的硫黄随雨而落时，硫酸（和别的一些特质）会大面积、大密度产生，会灼伤皮肤、眼睛和黏膜。戴上护目镜、通气管面罩或滑雪镜能保护眼睛。用一块湿布护住嘴和鼻子，或者如果可能，用工业防毒面具。到避护所后，脱去衣服，彻底洗净暴露在外的皮肤，用干净水冲洗眼睛。

6. 气体球状物

一个气体球状物可以以超过每小时160千米的速度滚下火山。这种现象被科学家称作炽云。它发热发红，移动非常快。如果附近没有坚实的地下建筑物，唯一的存活机会可能就是跳入水中；屏住呼吸半分钟左右，球状物就会滚过去。

7. 泥石流

火山喷发可使冰雪消融，引发冰灾。或者伴有泥土，形成泥石流，即所谓火山泥流，其移动速度高达每小时100千米，会带来毁灭性的后果，1985年在哥伦比亚就曾发生过这种惨剧。在狭窄的山谷，火山泥流的高度可达30米，在主火山喷发后很长一段时间它们都是危险的。即便在火山处于休眠状态时，如果其产生的热量足以使冰雪融化，也会存在潜在的危险。不要走峡谷路线，它可能会变成火山泥流经过的道路。

遭遇台风时的防范与自救

突发事件防范与自救

什么是台风

台风,是发生在西北太平洋和南海一带热带海洋上的猛烈风暴。台风是形成在热带或副热带海面温度在26℃以上的广阔洋面上的一种强烈发展的热带气旋。一个典型的台风直径能达到800多千米,高度15~20千米。

你一定看到过江河中不时有涡旋出现吧,实际上,台风就是在大气中绕着自己的中心急速旋转、同时又向前移动的空气涡旋。它在北半球做逆时针方向转动,在南半球做顺时针方向旋转。气象学上将大气中的涡旋称为气旋,因为台风这种大气中的涡旋产生在热带洋面,所以称为热带气旋。

为什么称为台风呢?有人说,过去人们不了解台风发源于太平洋,认为这种巨大的风暴来自台湾,所以称为台风;也有人认为,台风侵袭我国广东省最多,台风是从广东话"大风"演变而来的。

事实上,世界上位于大洋西岸的几乎所有国家和地区,无不受到热带海洋气旋的影响,只不过不同地区的人们给它起的名称不同罢了。

一般来讲,在西北太平洋和南海一带的称台风,在大西洋、加勒比海、墨西哥湾以及东太平洋等地区的称飓风,在印度洋和孟加拉湾的称热带风暴,在澳大利亚的则称热带气旋。

西北太平洋热带洋面是全球发生台风次数最多的海域。台风从这里形成后,向西北方向移动,因此,我国受台风的袭击比较频繁。台风在我国登陆的地区,主要集中在广东、台湾、海南、福建等省。我国沿海的其他省区也都遭受过台风的袭击。

台风有几种称呼

1. 根据涡旋中心附近的平均最大风力不同

（1）热带低压：中心风力6~7级，即风速10.8~17.1米/秒。

（2）热带风暴：中心风力8~9级，即风速17.2~24.4米/秒。

（3）强热带风暴：中心风力10~11级，即风速24.5~32.6米/秒。

（4）台风：中心风力12~13级，即风速32.7~41.4米/秒。

（5）强台风：中心风力14~15级，即风速41.5~50.9米/秒。

（6）超强台风：中心风力16级以上，即风速大于51.0米/秒。

2. 根据形成地点不同

（1）台风：形成于西北太平洋、南海。

（2）飓风：形成于大西洋、墨西哥湾、东太平洋。

（3）大旋风：形成于印度洋。

通常所说的台风，专业说法是指热带气旋。

3. 根据编号命名

（1）编号：根据台风生成时间先后顺序，编上4位数号码。我国1959年开始采用。如2006年发生的第一个台风，编为"0601"。

（2）命名：2000年联合国世界气象组织台风委员会商定，由亚太地区14个国家地区统一编号并各提供10个名称，按序排列命名在赤道以北、日界线以西的西北太平洋和南海的台风。如"云娜""艾利"等。

台风利弊

台风除了给登陆地区带来暴风雨等严重灾害外，也有一定的好处。从台风结构来看，如此巨大的庞然大物，其产生必须具备特有的条件。

一是要有广阔的高温、高湿的大气。热带洋面上的底层大气的温度和湿度主要取决于海面水温，台风只能形成于海温高于26℃的暖洋面上，而且在60米深度内的海水水温都要高于26℃。

二是要有低层大气向中心辐合、高层大气向外扩散的初始扰动。而且高层辐散必须超过低层辐合，才能维持足够的上升气流，低层扰动才能不断加强。

三是垂直方向风速不能相差太大，上下层空气相对运动很小，才能使初始扰动中水汽凝结所释放的潜热能集中保存在台风眼区的空气柱中，形成并加强台风暖中心结构。

四是要有足够大的地转偏向力作用，地球自转作用有利于气旋性旋涡的生成。地转偏向力在赤道附近接近于零，向南北两极增大，台风发生在大约离赤道5个纬度以上的洋面上。

据统计，包括我国在内的东南亚各国和美国，台风降雨量约占这些地区总降雨量的1/4以上，如果没有台风，这些国家的农业困境不堪设想。此外，台风对于调剂地球热量、维持热平衡更是功不可没，众所周知热带地区由于接收的太阳辐射热量最多，因此气候也最为炎热，而寒带地区正好相反。由于台风的活动，热带地区的热量被驱散到高纬度地区，从而使寒带地区的热量得到补偿，如果没有台风就会造成热带地区气候越来越炎热，而寒带地区气候越来越寒冷，那么，地球上的温带也就不复存在了，众多的植物和动物也会因难以适应环境而灭绝，那将是一个非常可怕的情景。

台风的监测和预报

加强台风的监测和预报,是减轻台风灾害的重要措施。对台风的探测主要是利用气象卫星。在卫星云图上,能清晰地看见台风的存在和大小。利用气象卫星资料,可以确定台风中心的位置,估计台风强度,监测台风移动方向和速度以及狂风暴雨出现的地区等,对防止和减轻台风灾害起着关键作用。当台风到达近海时,还可用雷达监测台风动向。气象台的预报员根据所得到的各种资料,分析台风的动向、登陆的地点和时间,及时发布台风预报、台风警报或紧急警报,通过电视、广播等媒介为公众服务,同时为各级政府提供决策依据。发布台风预报或警报是减轻台风灾害的重要措施。

台风的灾害破坏

1. 大风

台风中心附近的最大风力一般为8级以上,对水面上的船只、人员构成极大威胁,往往会导致船只翻沉或毁灭、人员溺水窒息而亡。大风的袭击还会导致陆地上的房屋倒塌、树木拔起、农作物大面积摧毁、通信设备失效等。

2. 暴雨

台风所过之处,一般能产生150~300毫米降雨,少数台风能产生1000毫米以上的特大暴雨。暴雨常引发山洪暴发、江河泛滥、塌方、滑坡、桥梁冲毁等灾害。比如7503号台风在淮河上游产生特大暴雨,泌阳县林庄6小时降雨量达830毫米,至今还保持着中国大陆从20分钟到72小时各个时段降雨量的极值,形成了河南"75·8"大洪水。

3. 风暴潮

台风能使沿岸海水增水，一般要比正常潮位高 1~5 米。江苏省沿海最大增水可达 3 米。1997 年第 11 号台风影响上海期间，适逢农历七月半天文大潮（一年中天文潮最高时段），上海地区沿杭州湾、长江口、黄浦江干流各站均出现了有记录以来最高潮位，其中金山嘴站潮位达 6.57 米。

台风来临的征兆

我国沿海人民经过千百年的经验积累和总结分析，得出台风来临前往往伴随着许多地方性征兆，观察研究这些征兆，为做好准备、沉着应对台风起到了关键性的作用。

1. 长浪

在无风的日子里，若于海边看到顶部呈圆形的波浪泛起，随着时间的流逝，势头越来越猛，这就预兆着台风正向你移来。这种浪潮与有风时顶部呈尖形的波浪不同，它从台风中心传来，浪头并不高，通常只有1~2米，浪头与浪头之间距离比较远，故称"长浪"。长浪浑圆、声音沉重、节奏缓慢，靠近海岸时水位升高，波涛汹涌。比如0708号热带风暴"娜基莉"在我国台湾西北部沿海登陆前，附近渔民都可清晰见到风和日丽却长浪滚滚，由远至近袭来。

2. 海吼

台风来临前2~3天，可听到嗡嗡的声音，在宁静的夜里更为清晰。俗称"海吼""海响""海鸣"。当声响逐渐加强，表示台风逐渐逼近；当声响逐渐减弱，表示台风开始远离此地。浙江舟山群岛有一岩洞，在台风来临之前就会发生海吼，周边渔民凭此预兆采取预防措施，成功提高了抵御台风袭击的可能性。

3. 鱼类上浮

台风来临前2~3天，浅海鱼类、深层鱼类、底栖生物等往往浮上海面，群集成团。这是由于台风的风浪驱使它们到近海，或者感受到低频风暴声的生物受到惊吓、四处乱窜，也可能因台风区气压下降、海中含氧量减少造成

此种现象。渔民称为"海火"的现象就是由于发光浮游生物（如夜光虫、磷虾等）在海面表层浮动，造成的海水表面粼粼点点的闪光现象。

4. 台母

即台风的母亲，是指当台风中心距离海岸 500～600 千米时，可以看到东方天边散布辐辏状卷云，呈乱丝状，从地平线起 6～7 千米像扇子一样散落开来。早上和傍晚天空还会出现彩霞。0605 号"格美"台风来袭前，2006 年 7 月 24 日 18 时 58 分，温岭市上空出现美丽的云母，不少摄影爱好者拍下了这一奇景。

5. 风缆

当台风接近时，阳光受到地平线附近或以下的对流云带的遮蔽，会在天空中形成一条条暗蓝色条纹，在太阳相对方向汇聚，随着太阳上升很快模糊消失。在 2008 年首个登陆我国的台风"浣熊"向阳江沿海方向移动前，阳江的上空形成 3～4 条风缆。

6. 断虹

也称"短虹"，黄昏时分出现在东南方海面上，台风外围低空中的水滴折射阳光而成，无弧状弯曲，色彩也不鲜艳，得名半截虹。2007 年 7 月 5 日受台风"桃芝"影响，北海上空出现了半截虹。

7. 水母耳

很多海洋生物能听到台风与海浪之间产生的次声波，水母便是其中之一。人类模拟水母的特点制成预报仪，由喇叭、接受次声波的共振器、把振动转变为电脉冲的变换器和指示器组成。设备安置在甲板上，喇叭旋转停止方向就是台风方向，指示器则显示台风强度。

台风的应对措施

台风是产生于印度洋和在北太平洋西部、国际日期变更线以西，包括南中国海范围内热带洋面上的一种强烈热带气旋。

在遇到此类突发气象灾害时要注意采取以下措施：

（1）多留意媒体报道、拨打气象电话或通过气象网站等了解台风的最新情况，调整出行时间。

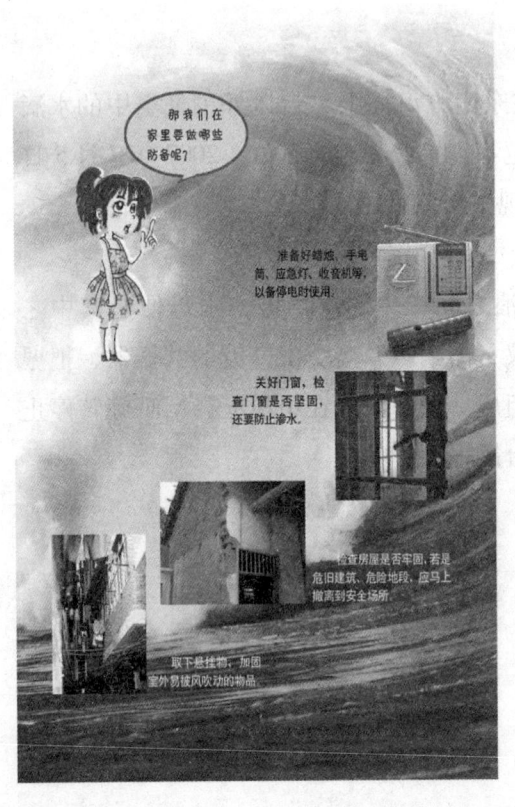

（2）受台风影响，家中很可能遇上停电停水等状况，可储备方便面、饼干等方便食品和饮用水。

（3）平时最好准备一些诸如手电、蜡烛或蓄电的节能灯，在遇上停电或是房屋进水等情况时，能够及时提供照明。

（4）在遭遇台风时，折断的树枝、广告牌、盆栽都有可能从高处坠落。台风来临之前，清理阳台，检查楼道窗户，如果有破碎，应在第一时间将其修补完整，以免台风来临时坠落伤人。

（5）地势低洼的居民区，要尽量避免积水造成的麻烦和危险。在暴雨来临之前，检查排水管道，

如果有条件最好疏通一遍。特别是一楼的住户，更要将可能进水的电器、货物以及衣鞋，转移到高处。

（6）台风暴雨来临时，要迅速切断各类电器的电源以防止雷击。不要在雷雨天中使用收音机、手机等无线通信设备，电波会引来雷电，异常危险。

（7）在台风来临时要将门窗关闭，特别应对玻璃门窗和铝合金门窗采取防护。如遇玻璃松动或有裂缝，请在玻璃上贴上胶条，以免吹碎后，碎片四散。不要在玻璃门、玻璃窗附近逗留。

（8）在台风来临时，切忌在危旧住房、临时建筑、脚手架、电线杆、树木、广告牌、铁塔等容易造成伤亡的地点避风避雨。如果所住的是危房或抗风能力较差的房屋，最好到其他坚固地点暂避。服从当地政府部门的安排，当被要求撤离时要立即撤离，以确保人身安全。在山区的河边、山边时应注意房间周围排水通畅。大风和暴雨容易引发泥石流、山体滑坡和地面沉降等地质灾害，造成人员伤亡，一旦发现山体滑坡、泥石流等地质灾害征兆时，不要迟疑，立即撤离危险区，并及时报告有关部门，使周围人员能及时撤离。

（9）当台风信号解除以后，要在撤离地区被宣布为安全以后才能够返回，并要遵守规定，不要涉足危险和未知的地区。在尚未得知是否安全时，不要随意使用煤气、自来水、电线线路等。

（10）台风盛行期间，尽量避免外出，并远离迎风门窗。如果一定要外出，要尽量远离海边，遇到风力很大时，要尽量弯腰，注意道路两侧的围

墙、行道树、广告牌等易倒物,经过高大建筑物时,留意阳台花盆等高空坠落物,同时小心电线杆倒杆断线、公路塌方、树倒枝折等。在台风中,发生外伤、骨折、触电等意外事故最多。外伤主要是头部外伤,被刮倒的树木、电线杆或高空坠落物如花盆、瓦片等击伤。电击伤主要是被刮倒的电线击中,或踩到掩在树木下的电线。所以台风发生时,不要赤脚,最好穿雨靴,防雨同时起到绝缘作用,预防触电。走路时观察仔细再走,以免踩到电线。通过小巷时,也要留心,因为围墙、电线杆倒塌的事故很容易发生。发生急救事故,先打120,不要擅自搬动伤员或自己找车急救。搬动不当,对骨折患者会造成神经损伤,严重时会导致瘫痪。

雷电来临时的防范与自救

突发事件防范与自救

突发事件防范与自救

什么是雷电

雷电是发生在大气中的一种极其雄伟壮观的自然现象，它往往伴随着降雨产生，偶尔也会晴天打雷，俗称"晴天霹雳"。雷电是伴有闪电和雷鸣的一种雄伟壮观而又有点令人生畏的放电现象。雷电一般产生于对流发展旺盛的积雨云中，因此常伴有强烈的阵风和暴雨，有时还伴有冰雹和龙卷风。

我国古代最早的雷电记录是《周易》中记述的公元前1068年的一次球形雷袭，这也是世界上发现最早的雷击记录。古代的人们由于缺乏科学知识，不能正确解释雷电现象，就把雷电与鬼神联系起来，创造了雷神电母等神话故事。在封建迷信时期，人们将旧历六月二十四日定为雷神的生日。直至东汉时哲学家王充才第一次提出了"雷是火"的论断。1749年美国科学家富兰克林等经过科学实验，为我们揭开了雷电的神秘面纱，证实了"雷就是电"，奠定了现代防雷技术的基础。

雷电发生的频率与特性

雷电是伴有闪电和雷鸣的一种雄伟壮观而又有点令人生畏的自然现象。雷电灾害是联合国公布的最严重的十种自然灾害之一。全世界平均每分钟发生雷暴2000次,每年因雷击造成的人员伤亡超过1万人,导致火灾、爆炸、信息系统瘫痪等事故频繁发生,每年因雷击造成的直接经济损失达20亿美元以上。德国每平方千米土地上每年平均出现5次闪电。德国每年遭雷击身亡的人数虽然不多,但对于登山旅游者和室外游泳者来说,雷电是一个严重的威胁,人被雷电击中的死亡率高达40%。

在任何时刻,世界上都有1800场雷雨正在发生,每秒大约有100次雷击。在美国,雷电每年会造成大约150人死亡和250人受伤。全世界每年有4000多人惨遭雷击。在雷电发生频率呈现平均水平的平坦地形上,每座300英尺(约91米)高的建筑物平均每年会被击中一次。每座1200英尺(约366米)的建筑物,比如广播或者电视塔,每年会被击中20次,每次雷击通常会产生6亿伏的高压。

每个从云层到地面的闪电实际上包含了在60毫秒间隔内发生的3~5次独立的雷击,第一次雷击的峰值电流大约为2万安培,后续雷击的峰值电流减半。最后一次雷击之后,可能会有大约150安培的连续电流,持续时间达100毫秒。

无法预测的雷击灾害

国际气象统计资料显示,全球范围每天约发生 4.4 万次雷雨,每次雷雨平均出现 100 次闪电。雷击往往突然发生、经过的地域不确定性大,可预报性低。气象部门对降雨预报的准确性远远高于对雷击的预报,雷击发生的准确区域和雷击灾害的严重程度甚至无法预测,所以说雷击灾害预防的难度很大。

雷击灾害是全球性的严重自然灾害,我国是受雷击灾害严重威胁的国家之一。据此前的统计,2005 年 5 月至 8 月,仅北京市就发生雷击灾害 60 余起,还造成了 4 死 6 伤的人身伤亡事故,直接经济损失达数百万元。据国家气象局防雷减灾办公室的统计,2006 年全国发生雷击灾害近万起,造成数以千计的人员伤亡和近百亿元的经济损失,雷击灾害的范围几乎波及所有省市。

雷电能产生 1 亿伏以上的高电压、2 万~4 万安培的电流、高温和极大的冲击波。电效应、热效应和力学效应是雷电能量作用的三种形式,如此高的能量可以产生极大的破坏力。

电效应:雷电产生的强大电场和磁场,使处于雷击区内的电子设备和人体产生静电感应和电磁感应,生成数千伏的静电感应电压,造成大量电子设备被击毁或导致人体心室纤颤及呼吸肌麻痹而猝死。

热效应:强大的雷电流可以转变为热能,雷击点的发热量可达 500~2000 焦耳,能立即熔化 50~2000 立方毫米的钢材,使建筑物起火燃烧,人体组织碳化成焦状。

力学效应:雷击能对物体产生强大的冲击性电动力,使被击物体断裂或破碎，导致高大的建筑物倒塌，茂盛的大树主干被从中间劈开。

闪电的受害者有 2/3 以上是在户外受到袭击。他们每 3 个人中有 2 个幸存。在被闪电击死的人中，85% 是男性，年龄大都在 10~35 岁。死者以在树下避雷雨的最多。

雷电对人体的伤害有电流的直接作用和超压或动力作用，以及高温作用。当人遭受雷电击的一瞬间，电流迅速通过人体，重者可导致心跳、呼吸停止，脑组织缺氧而死亡。另外，雷击时产生的火花，也会造成不同程度的皮肤烧灼伤。雷电击伤，亦可使人体出现树枝状雷击纹，表皮剥脱，皮内出血，也能造成耳鼓膜或内脏破裂等。

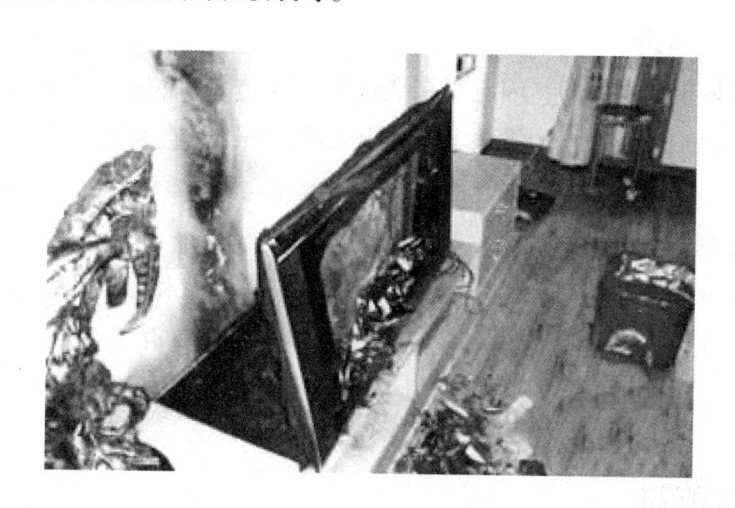

雷电伤人的四种方式

雷电对人的伤害方式，归纳起来有四种，即直接雷击、接触电压、旁侧闪击和跨步电压。

1. 直接雷击

在雷电现象发生时，闪电直接袭击到人体，因为人是一个很好的导体，高达几万到十几万安培的雷电电流，由人的头顶部一直通过人体到两脚，流入到大地。受到雷电的袭击，严重的会导致死亡。

2. 接触电压

当雷电电流通过高大的物体，如高的建筑物、树木、金属构筑物等泄放下来时，强大的雷电电流，会在高大导体上产生高达几万到几十万伏的电压。人不小心触摸到这些物体时，受到这种触摸电压的袭击，就发生触电事故。

3. 旁侧闪击

当雷电击中一个物体时，强大的雷电电流，通过物体泄放到大地。一般情况下，电流是最容易通过电阻小的通道穿流的。人体的电阻很小，如果人就在被雷击中的物体附近，雷电电流就会在人头顶高度附近，将空气击穿，再经过人体泄放下来，使人遭受袭击。

4. 跨步电压

当雷电从云中泄放到大地时，就会产生一个电位场。电位的分布是越靠近地面雷击点的地方电位越高，远离雷击点的地方电位越低。如果在雷击时，人的两脚站的地点电位不同，这种电位差在人的两脚间就产生电压，也就有电流通过人的下肢。两腿之间的距离越大，跨步电压也就越大。

据统计，人遭闪电击中的概率最多也就是六十万分之一。雷电伤人是经常发生的，如不躲避或避雷措施不当就会遭受很大的伤害。在瑞士，每百万人口当中，每年约有 10 人遭受雷击；而美国，每年死于雷击事故的人数比死于飓风的人还多；在日本，1968 年就发生一起闪电击毙 11 名儿童的事故。

常见诱发雷电物体

雷电发生时产生的雷电流是主要的破坏源，其危害有直接雷击、感应雷击和由架空线引导的侵入雷击。如各种照明、电讯等设施使用的架空线都可能把雷电引入室内，所以应严加防范。

（1）缺少避雷设备或避雷设备不合格的高大建筑物、储罐等。

（2）没有良好接地的金属屋顶。

（3）潮湿或空旷地区的建筑物、树木等。

（4）由于烟气的导电性，烟囱特别易遭雷击。

（5）建筑物上有无线电而又没有避雷器和良好接地的地方。

遭遇雷电天气如何自我保护

首先,防雷措施至关重要。

2005年5月29日,京郊房山区城关街道两名工人在室内安装水龙头时遭受雷击,一人当场死亡,另一人受伤。

防雷措施:雷雨天应关闭门窗,不要靠近通向室外的门窗(尤其是金属材料的门窗);不要靠近自来水管、暖气、天然气等金属管道;切勿接触天线、铁丝网;不要在卫生间洗澡,不要使用太阳能热水器,切忌使用电吹风、电动剃须刀等;停止拖拉机作业,人要离开机器。

2005年5月30日,北京延庆县康庄镇一村民在家中接电话时遭受雷击,经抢救无效死亡;另一村民打电话时受轻伤。

防雷措施:电闪雷鸣时,要远离室内的各种电线;尽量不拨打或接听固定电话;最好暂时关闭手机,注意不要在户外接听手机;尽量少看或不看电视,必要时可提前拔下电视电源及有线电视天线插头;不在阳台的铁管或铁丝上晾、收衣服。

2005年8月,北京东郊通州区某村一村民去牵拴在门外电线杆旁的狗时,遭雷击死亡,安装在电线杆上的电表同时被雷击坏。

防雷措施:雷声滚滚时要尽量避免走出房间到外面活动;在开阔地行走时,不使用金属柄雨伞或肩扛金属物;不要在大树、广告牌、烟囱旁避雨;不要触及灯杆或电线杆;不宜进行户外球类运动;雷雨时停留在汽车内是安全的,但不要把头或身体其他部位伸出窗外。

2005年8月,北京密云县司马台长城11号烽火台附近出现雷电,造成一名希腊女游客当场死亡,另一男游客受伤。

防雷措施：雷雨季节在山区旅游时应格外注意防雷击，应迅速离开山顶或高的地方，找一个低洼处双脚并拢蹲下，尽可能降低高度；进入山洞避雨时，不要触及洞壁岩石；建筑工地的工人要立即离开建筑物顶部；不宜在水面或水陆交界处作业；不要在旷野奔跑、骑自行车或摩托车；行走中如果感觉头发竖起，或者皮肤有显著的颤动感时，要明白自己可能就要受到电击，应立刻卧倒在地上，等雷电过后呼救。

综上所述，预防雷电危害，应该注意以下几个方面：

（1）在雷雨天，人应尽量留在室内，不要外出，关闭门窗，不要靠近窗户，不要使用水龙头，尽可能远离电灯、电话、室外天线的引线等。在没有避雷装置的建筑物内，应避免接触烟囱、自来水管、暖气管道、钢柱等。

（2）不要使用家用电器（如电风扇、电视机、录音机、电吹风、电熨斗等），特别是不要使用太阳能热水器，应该拔掉所有电器电源插头和电视机有线插头。

（3）雷雨天气时，不要拨打和接听电话。在空旷的地方，不要使用手机，并将手机关闭。

（4）在野外遇雷雨时，应尽快躲进安装有防雷设施的建筑物内，不要进入无防雷设施的临时棚屋、岗亭等低矮建筑。不要打伞，不要把羽毛球拍等长杆体育器材扛在肩上。不要在孤立的大树、高塔、电线杆、旗杆下避雨。

（5）雷雨天气时，不要去江、河、湖边游泳、划船或钓鱼，不要进行室外球类运动。

（6）雷雨天气时，不要站立于山顶、楼顶上，尽量不要去空旷场地、屋顶、山顶、河湖池沼旁以及野外潮湿地带，避免遭受雷击。

另外，一旦遭受雷击出现人员受伤时，应及时进行抢救，救护方法同触电急救相同：做人工呼吸和体外心脏按压，同时急送医院。

雷击伤

雷击是由雷雨云产生的一种强烈放电现象,电压高达数十万至数百万伏特,电流达几万安培,同时还放出大量热能,瞬间温度可达 10 000℃以上。雷电不仅能破坏电力、通信设施,毁坏建筑、树木,还常常击伤、致死人畜。我国每年有 3000~4000 人遭雷击而身亡。

1. 雷击造成的主要伤害

（1）神经系统损伤：昏迷、休克、惊厥、抽搐、神经失能、伤后遗忘症等。

（2）心血管系统损伤：心脏停搏,血管灼伤、断裂,血栓形成等。

（3）呼吸系统损伤：由于呼吸中枢受损及呼吸肌的痉挛等,可造成呼吸功能失常,呼吸异常或呼吸停止。

（4）运动系统损伤：骨骼肌的灼伤、烧伤，以及支配骨骼肌的神经和血管的损伤可致运动功能丧失。高空作业者从高处坠落，可发生骨折。

2. 急救

（1）使伤者就地平卧，松解衣扣、乳罩、腰带等。

（2）立即进行心前区叩击、口对口呼吸和胸外心脏按压。

（3）对伤者伤情进行对症处理，如烧伤包扎、骨折固定等，必要时送医院急救。

3. 注意事项

（1）若发现有人在暴雨中遭雷击，应立即将其转移至屋内进行抢救。

（2）抢救伤员时，应将门窗关上，以免遭到第二次雷击。

水灾来临时的防范与自救

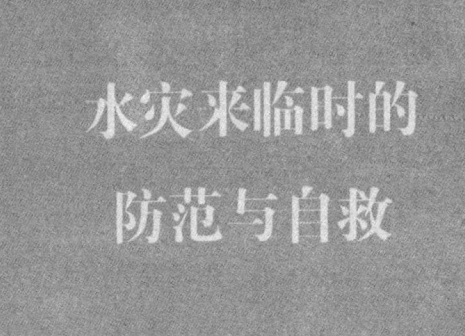

突发事件防范与自救

什么是洪水

洪水是指江河水量迅猛增加及水位急剧上涨的自然现象。洪水的形成往往受气候、下垫面等自然因素与人类活动因素的影响。按地区可分为河流洪水、融雪洪水、泣川洪水、冰凌洪水、雨雪混合洪水、溃坝洪水六种。

我国河流的主要洪水大都是暴雨洪水，多发生在夏、秋季节，南方一些地区春季也可能发生。以地区划分，我国中东部地区以暴雨洪水为主，西北部地区多融雪洪水和雨雪混合洪水。"98长江大洪水"和"98嫩江、松花江特大洪水"都是由暴雨洪水形成的。

暴雨类型划分

暴雨是指在短时间内降很大的雨。一般根据24小时降雨量的大小划分为：

（1）降雨量在50～100毫米，称为暴雨。

（2）降雨量在100～200毫米，称为大暴雨。

（3）降雨量大于200毫米时，称为特大暴雨。

我国的暴雨洪水有哪些特点

（1）季节性明显，时空分布不均匀。随着副热带高压的北移、南撤过程，夏季我国雨带也南北移动，出现明显的季节性特点。一般年份，4月至6月上旬，雨带主要分布在华南地区。6月中旬至7月上旬，是长江、淮河和太湖流域的梅雨期。7月中旬至8月，雨带从江淮北部移到华北和东北地区。9月，副热带高压南撤，随即雨带也相应南撤，部分年份也会造成洪水，如汉江等地的秋汛。我国大部分地区降雨季节性明显。当台风登陆我国和深入内陆时，高强度的狂风暴雨，也可形成暴雨洪水。

据统计，4~10月全国大部分地区降雨量占全年平均降雨量的70%以上，6~8月降雨量可占全年平均降雨量的50%左右。所以说，我国的暴雨洪水多发生在春季、夏季和秋季。

（2）洪水峰高量大，干支流易发生遭遇性洪水。我国地形的特点是东南低、西北高，有利于东南暖湿气流与西北冷空气交绥的加强。我国地面坡度大，植被条件差，造成汇流快，洪水量极大。与世界其他国家相比，相同流域面积的河流，我国暴雨洪水的洪峰流量量级接近最大记录。

我国几条主要河流面积较大，干支流经常遭遇洪水，区间来水多，洪峰叠加，易形成峰高量大的暴雨洪水。

（3）洪水年际变化大。我国七大流域洪水年际变化很大，各年洪峰流量相差甚远，尤其是北方比南方更明显。如长江以南地区大水年的洪峰流量一般为小水年的2～3倍，而海河流域大水年和小水年的洪峰流量比可相差几十倍甚至上百倍。

（4）大洪水的阶段性和重复性。根据大量的洪水调查研究，得出我国主要河流的大洪水在时空上具有阶段性和重复性的特点。

从时间上讲，一个流域出现大洪水的时序分布虽然是不均匀的，但从较长时间观察看，在许多河流上，一个时期大洪水发生的频率较高，而另一时期频率较低，频发期和低发期呈阶段性的交替变化。另外，在高频期内大洪水往往年年出现，有连续性。

从空间上讲，我国暴雨洪水的发生与当地的天气和地形条件有密切关系，凡是近期出现大洪水的流域和区域，历史上也都发生过类似的大洪水，重复出现暴雨洪水的现象普遍存在。如"98长江大洪水"即类似于1954年的长江大洪水。

洪水暴发时如何做好防备

洪水到来之前，要尽量做好相应的准备。

（1）根据当地电视、广播等媒体提供的洪水信息，结合自己所处的位置和条件，冷静地选择最佳路线撤离，避免出现"人未走水先到"的被动局面。

（2）认清路标，明确撤离的路线和目的地，避免因为惊慌失措而走错路。

（3）自保措施：

①备足速食食品或蒸煮够食用几天的食品，准备足够的饮用水和日用品。

②扎制木排、竹排，收集木盆、木材、大件泡沫塑料等适合漂浮的材料，加工成救生装置以备急需。

③将不便携带的贵重物品作防水捆扎后埋入地下或放到高处，票款、首饰等小件贵重物品可缝在衣服内随身携带。

④保存好尚能使用的通信设备。

（4）洪水到来时的自救措施：

①洪水到来时，来不及转移的人员，要就近迅速向山坡、高地、楼房、避洪台等地转移，或者立即爬上屋顶、楼房高层、大树、高墙等高的地方暂避。

②如洪水继续上涨，暂避的地方已难自保，则要充分利用准备好的救生器材逃生，或者迅速找一些门板、桌椅、木床、大块的泡沫塑料等能漂浮的材料扎成筏逃生。

③在都市中遇到洪水时首先应该迅速登上牢固的高层建筑避险，而后要与救援部门取得联系。同时，注意收集各种漂浮物如木盆、木桶作为逃离险境的好工具。

④避难所应选择在距家最近、地势较高、交通较为方便处，应有上下水设施，卫生条件较好，与外界可保持良好的通信、交通联系。在城市中大多是高层建筑的平坦楼顶，地势较高或有牢固楼房的学校、医院，以及地势高、条件较好的公园等。

⑤将衣被等御寒物放至高处保存。

⑥洪水到来时难以找到适合的饮用水，所以在洪水来之前可用木盆、水桶等盛水工具储备干净的饮用水。

⑦准备好医药、取火等物品。保存好各种尚能使用的通信设施，方便与外界保持良好的通信、交通联系。

⑧如果已被洪水包围，要设法尽快与当地政府防汛部门取得联系，报告自己的方位和险情，积极寻求救援。

注意：

千万不要游泳逃生，不可攀爬带电的电线杆、铁塔，也不要爬到泥坯房的屋顶。

⑨如已被卷入洪水中，一定要尽可能抓住固定的或能漂浮的东西，寻找机会逃生。

⑩发现高压线铁塔倾斜或者电线断头下垂时，一定要迅速远离，防止直接触电或因地面"跨步电压"触电。

⑪在山区，如果连降大雨，容易暴发山洪。遇到这种情况，应该注意避免过河，以防止被山洪卷走，还要注意防止山体滑坡导致的滚石、泥石流的伤害。

⑫洪水过后，要做好各项卫生防疫工作，预防疫病的流行。

水灾的伤害

水灾可对人体产生的伤害，主要表现在以下几个方面：

（1）洪水发生时，由于水面宽阔、水急浪大，可在瞬间造成很多人淹溺。

（2）洪水可引起房屋倒塌，继而导致人体砸伤和挤压伤，这种严重创伤可使人休克和增加感染机会。

（3）受害者和抢救人员因长时间在水中浸泡，可引起烂足病、皮肤病和各种皮肤感染。

（4）天气炎热情况下，常可造成人员中暑。

（5）水灾后，一些传染病和寄生虫病，如痢疾、肝炎、霍乱、血吸虫病等会在灾区流行。

水灾的现场救援

1. 实施自救

（1）搜找漂浮物：当洪水灾难袭来时，要冷静思考，正确判断，尽快离开危险的建筑物和容易造成人体损伤的物体，关闭家中的煤气阀和电源总闸刀，设法寻找和接触可用于救生的漂浮物，如气圈、木板、衣柜、安全绳等。

（2）机智等待：如果未能及时转移，也不必惊慌，可向高处移动，借助坚实的房顶、大树，耐心等待救援人员的营救。

（3）携带求救物品：在水位不断升高时，应设法找到可以发出求救信号的东西，如手电筒、哨子、小红旗、镜子等。

（4）自带食品：身上应自带一些热量高的食品，如糖果、甜面食和饮料等。

2. 救助他人

（1）疏散人员：尽快采取疏散措施，特别要注意将老人、儿童等困难群体转移到安全地带。

（2）发现待救者未被淹没时，应在确保自身安全的情况下实施救助。

（3）距离岸边较近时，可向待救者投掷带有绳索的救生圈或浮力较大的漂浮物，让待救者抓住救生器具，将其拽到安全地带。

（4）距离岸边较远时，应考虑水流的速度、待救者的位置，然后利用救生船、漂浮的脊柱板或其他漂浮物实施正确的救助。

（5）救生人员应选择水性好的人担当，一定要穿好救生衣。

（6）入水救助人员腰间要系好安全绳，其余人员应在岸边或船上协助保护，并随着水中队员的划水动作同步进行，动作要稳。

（7）接近救助者时，应注意观察待救者的位置，最好从背后靠近，可采取抱住待救者的头部、抓住头发、搂其胸部等方法，使待救者头部高出水面。最好采用仰泳姿势，不要让落水者抓住救助者的手脚。

（8）确定待救者淹没时，应详细了解失踪人员的性别、年龄、失踪地点、失踪时间及水面流速、风向等并进行综合分析，明确搜救范围。医疗救护人员应积极配合专业水上搜救人员进行救助。待救者被救出后，应立即对其采取心肺复苏等救助措施并注意保暖。

遇到山洪时如何迅速脱险

最常见的山洪是由暴雨引起，通常指在山区沿河流及溪沟形成的暴涨暴落的洪水及伴随发生的滑坡、崩塌、泥石流。拦洪设施的溃决也可引发山洪。山洪灾害是指山洪暴发而给人们带来的危害，包括人员伤亡、财产损失、基础设施毁坏及环境资源破坏等。山洪灾害分为泥石流灾害、滑坡灾害和溪河洪水灾害。

居住在山洪易发区或沟、峡谷、溪岸的居民，每遇连降大暴雨时，必须保持高度警惕，特别是晚上，如有异常，应立即组织人员迅速脱离现场，就近选择安全地方落脚，并设法与外界联系，做好下一步救援工作。切不可因心存侥幸或救捞财物而耽误避灾时机，造成不应有的人员伤亡。具体做法如下：

（1）一定要保持冷静，迅速判断周边环境，尽快向山上或较高地方转移；如一时躲避不了，应选择一个相对安全的地方避洪。

（2）山洪暴发时，不要沿着行洪道方向跑，而是要向两侧快速躲避。

（3）山洪暴发时，千万不要轻易涉水过河。

（4）被山洪困在山中，应及时与当地政府防汛部门取得联系，寻求救援。

水灾后常见疾病

（1）呼吸道传染病。由于连降大雨气温偏低，大雨停后气温又偏高，灾民受劳累、饥饿、心理焦急紧张、灾区居住条件简陋拥挤、睡眠及饮食不足等影响，正常生活环境完全被打乱，造成抵抗力下降，容易引起上呼吸道感染或流行性感冒。

（2）消化道传染病。水灾发生后，饮用水被污染，供水困难，许多灾民因不能及时得到干净的饮用水，有时迫不得已饮用被污染的江、河、湖、塘及水库的水。加上灾区粪便及垃圾无法管理，造成灾区整个卫生环境差，易引起消化道传染病的暴发流行，如细菌性痢疾、急性胃肠炎或者伤寒和副伤寒等。

（3）虫媒传染病。灾后积水，给蚊、蝇、虫的滋生提供了良好场所，致使蚊、蝇、虫滋生速度和密度加快增高，而大量的蚊、蝇、虫又是疾病的传播源，易引起疟疾等。

（4）动物传播的传染病。如钩端螺旋体、布氏杆菌病、狂犬病和流行性乙型脑炎等传染病在洪灾后也会流行。

（5）皮肤病：浸渍性皮炎（"烂脚丫""烂裤裆"）、虫咬性皮炎。

（6）意外伤害：溺水、触电、中暑、外伤、毒虫咬蜇伤、毒蛇咬伤。

（7）食物中毒和农药中毒。

水灾后传染病的防治措施

（1）广泛宣传。广泛开展群众性的卫生宣传工作，把传染病的防治知识传授给灾区人民，要求人人不喝未经消毒的生水，不吃腐败变质和不洁的食物，防止病从口入，做好疾病的预防工作。

（2）饮水消毒。灾后供水中断，城乡水井受到污染，人员饮水困难，应采取紧急措施，对人员的饮用水进行消毒。最简单的方法是采取煮沸法消毒。也可用漂白粉、漂白粉精等进行消毒。按水的污染程度每升水可使用漂白粉或漂白粉精1～3毫克，15～30分钟即可饮用。个人饮用水每1000毫升中可加入2%碘酒3～6滴，10～20分钟即可饮用。

（3）食品卫生。要保持食品供应的清洁卫生，并积极创造条件争取对餐具用后进行洗净、消毒。饭菜要烧热煮透，做到现吃现做。

（4）消灭蚊蝇。灾后由于厕所、粪池被冲，粪水外溢，天气炎热、湿度大。加上人畜尸体腐烂，蚊蝇会在短期内大量繁殖，故应采取一切有力措施，坚决消灭蚊蝇。

（5）卫生防护。灾后，要做好人畜尸体打捞、搬运和火化及深埋中的卫生防护工作。工作人员要戴好防毒面罩，穿上隔离服，戴厚橡皮手套，穿上高腰胶靴，扎紧裤脚、袖口，以防吸入尸臭中毒和尸液剩液损伤皮肤。每个救援小组要配有专业消毒人员，随时喷洒高浓度漂白粉、除臭剂等。

（6）洗消除臭。对人畜尸体打捞、搬运、火化、深埋处理完毕后，有关工作人员应先被安置在距生活区50米左右的洗消站，脱下面罩、工作服和手套、胶靴，由洗消人员进行洗消除臭。双手应用消毒液浸泡消毒，然后用肥皂水擦洗，最后用清水冲洗。有条件时可进行淋浴，然后再进宿舍穿上清洁衣服。

（7）环境卫生。灾民多居住在临时搭建的简易棚内，应组织专门人员对这里进行定期消毒，同时应设置公共卫生厕所，并定期消毒，搞好环境卫生。

（8）疫情报告。对灾区发生的疫情应发动群众做到有病自报或互报。卫生防疫人员和医疗救护人员应共同配合，做好疾病的预防和救治工作，对传染病要早发现、早报告、早控制、早隔离、早治疗。

其他气象灾害的防范与自救

突发事件防范与自救

大 雾

当大量微小水滴悬浮在近地层空气中，能见度小于 500 米时，就是大雾天气。大雾天气会给城市交通带来严重影响，容易造成交通事故。大雾天气时，城市中排放的烟尘、废气等有害物质容易在近地层空气中滞留，影响人体健康。

1. 应急要点

（1）当出现能见度小于 50 米的强浓雾时，高速公路要暂时封闭。

（2）机动车驾驶员应打开防雾灯，密切关注路况。行驶中要减速慢行，控制好车速、车距。

（3）电力部门要针对大雾天气，加强输电网周围环境治理，防治产生"污闪"而导致跳闸，造成大面积停电。

（4）尽量不要外出，必须外出时，要戴上口罩。

（5）有晨雾时最好不要开窗。

2. 自救知识

（1）雾中的有害物质如二氧化硫、二氧化碳、一氧化碳、粉尘等对人的呼吸系统危害极大，能诱发气管炎、哮喘、鼻炎、咽炎等疾病，因此，在烟雾弥漫的日子，应戴上口罩或减少外出，以减轻其危害。

（2）雾天空气湿度大，电力设备的绝缘表面会发生击穿现象，可能会造成大面积停电。因此，家中应准备一些照明用具。

（3）雾天应穿红色或黄色衣服，因为红色和黄色的波长较长，透射作用强，通过同样的空气层，红色光传得最远，黄色次之。穿这两种颜色的衣服，走在路上能增强人身的安全性。

（4）不要在大雾天气时外出锻炼。

凝　冻

雨凇、雾凇、积雪和积冰称为凝冻。

1. 应急要点

（1）注意气象预报做好防冻保暖工作。在农村，应因地制宜做好农作物的防冻工作。在城市，特别要对暴露的自来水管、水箱和煤气管道等采取保暖措施，防止因凝冻造成冻裂或堵塞。

（2）凝冻天气应注意交通安全。凝冻天气过程往往会大雪纷飞形成积雪，加上气温低，马路上的积雪经汽车轮子滚压，就会结冰打滑。因此，驾驶员和骑车者应采取防滑措施，小心慢行，防止发生交通事故。

（3）交通要道的积雪要及时扫除。在道路上撒融雪剂，以防路面结冰。

（4）有关部门和单位采取措施，预防可能出现的凝冻危害。

2. 自救知识

（1）注意煤气使用安全，保持室内通风，谨防煤气中毒。

（2）做好身体保暖防护，防止突发中风、急性心肌梗死、哮喘和冻伤等疾病。

（3）老人及体弱者应避免出门。

（4）路过桥下、屋檐等处时，要迅速通过或绕道通过，以防冰凌因融化而突然脱落伤人。

寒 潮

寒潮的天气特点是大幅度的降温和剧烈的大风,有时可能出现暴风雪、霜冰。形成低温和大风灾害。受到寒潮侵袭的地方,常常是风向迅速转变、风速增大、气压突然上升、温度急剧下降,同时还可能下雨、下雪、出现霜和冰冻现象。

1. 应急要点

(1) 通过天气预报及时了解寒潮动向,在寒潮到来之前做好各种防寒保暖准备。

(2) 加强对老、弱、病、幼人群的防寒保暖和防风工作。

(3) 把门窗、围板、棚架、户外广告牌、临时搭建物等易被大风吹动的搭建物固紧,妥善安置易受寒潮大风影响的室外物品。

(4) 做好牲畜、家禽的防寒、防风工作,对易受低温冰害的农林作物

及水产养殖品种采取相应的防御措施。

2. 自救知识

由于寒潮袭击前后的 2~3 天内，平均气温和最低气温骤然下降，人的体温调节功能对这种突如其来的寒冷刺激难以适应，如果未能及时添加衣服，就特别容易受凉，引起机体抵抗力下降，给不同类型感冒病毒的入侵提供了可乘之机。

（1）年老体弱者及少年儿童要少去公共场所，以防传染疾病。居室要通风，以保持室内空气新鲜。

（2）为了保持鼻咽部黏膜的湿度和温度，冬天外出最好戴口罩，特别是有慢性呼吸道疾病（如慢性气管炎、支气管扩张或哮喘）的患者更应如此。

（3）平时应加强体育锻炼，增强体质，以提高机体对气候变化的适应能力。

交通事故的防范与自救

突发事件防范与自救

交通事故的成因

交通事故的成因是错综复杂的,与人、车、路、环境四者有着密不可分的关系,因此,交通事故是一个复杂的动态系统。人们事先是无法准确预测究竟何时、何地要发生事故的,具体原因何在,后果如何的。但交通事故又有其内在规律性,通过具体事故的分析,总结其规律,减少交通事故的发生也是完全可能的。

分析事故成因,确定预防措施,必须从人、车、路、环境四个方面入手。

1. 人的方面

各类交通参与者都可能成为交通事故的制造者。据统计,约93%的交通事故都是由于交通参与者的因素造成的,其中尤以机动车驾驶人员最为突出,占85%;其次是非机动车驾驶人员、行人、乘车人、道路交通的管理人员、车辆所有人及其他有关人员等。

2. 车的方面

现代机动车的技术性能除个别车型外,绝大部分都能满足安全行驶的要求。但车辆在使用过程中常常会因为失修失养、"带病行驶"导致机件失效,造成交通事故。

3. 路的方面

道路等级标准越高,安全设施越齐全,交通安全越有保证,但也不是等级越低事故就越多。在低等级道路上,由于车辆行驶速度较低,往往事故并不多见。而恰恰在一些新建或改造通车后的高等级道路上,由于标志标线等安全设施还不完备,或者由于管理工作没有及时跟上,或者由于当地多数驾驶员还不适应新的环境，在车辆行驶速度提高后，交通事故也随之增多。另外，我国的一些被全世界都一致认为是"高效、安全、便捷、低公害"的高速公路，到目前为止其交通事故仍居高不下，事故率远高于普通公路。

4. 环境方面

主要是气象条件和道路环境、地理环境、社会环境，如气温、风、雨、雪、雾以及昼夜差别等。

突发事件防范与自救

交通事故的预防与特点

交通事故的预防

回顾和检讨各类交通事故的发生，其中大多数都是可以避免的。加强机动车行驶的安全教育和管理可以大幅度减少交通事故的发生。

交通事故预防主要采取以下三种对策。

第一，教育。教育高危人群尽量避免危险性的行为和采取安全的预防措施。例如养成良好的驾驶习惯、驾乘机动车时系好安全带、禁止酒后驾驶和疲劳驾驶等。

第二，约束。通过一系列相关法律的作用，要求所有的人避免危险的行为。例如禁止超速驾驶。

第三，工程学。对道路、环境加以整治，机动车的制造要不断加以改进。

交通事故的特点

1. 现场特点

交通事故现场是交通事故发生的地点和空间。交通事故发生后，道路上的车辆、物体和有关人员的相对位置与形态都有可能发生变化。这要求我们在事故现场处理时要尽快查明事故原因，抢救伤者，减少损失，恢复正常交通。

交通事故现场虽然千差万别，但有其共同的特点：

（1）事故原因难确定。事故的损失后果公开暴露在公共环境之中，并不隐蔽，但事故原因有时难以一目了然，特别是对于造成人员伤亡和财物损失较大的事故，公安交通管理机关需要立案调查，依法处理。因此，现场车辆人员和有关遗留物的相对位置及状态都需要认真保护。

（2）次生灾害较严重。有的交通事故现场还可能引发次生灾害，必须注意及时排险，抢救伤员，防止损害进一步扩大。如在高速公路上的追尾事故，往往造成数十辆或成百辆汽车相撞。

（3）事故现场易变动。事故现场本身极易变动和遭到破坏，还可能妨碍正常交通，当事人员和过往车辆的驾驶人员都有义务协助救助伤员，保护现场，维护好现场秩序，确保公安交通管理机关尽快勘查取证，恢复交通。

根据交通事故现场的以上特点，在进行现场抢救前，必须首先查看事故造成了哪些损失、情况如何、有无人员伤亡、造成的损害是否有进一步扩大的危险。总之，一定要弄清事故造成的后果和是否有引发二次事故的可能。有时候二次事故的损失比原发事故还要严重，必须积极预防，使事故损失减小到最低限度。要注意灭火防爆，防止烧伤、触电等意外伤害。

现场警示非常重要。如在高速公路上发生交通事故，因为过往车辆很多，行驶速度又普遍较高，要注意采取措施，立即开启危险报警闪光灯，在行驶方向的后方150米以外设置警告标志。夜间或雨、雪、雾天应当同时开启示廓灯、尾灯和后雾灯。乘车人应迅速离开车辆去到安全地带，防止来往车辆由于躲避不及而驶入事故现场，撞上事故车辆与受伤人员。在弯道视线不清处发生事故，也存在车辆突然出现使人措手不及的危险，要按要求放置警示标志。

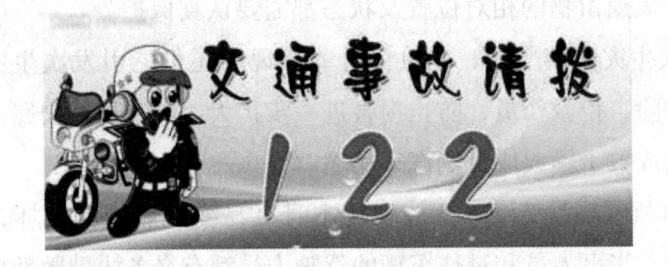

2. 伤情特点

交通事故常常瞬间发生，现场往往车毁人亡，惨不忍睹，常常单个人员或成批人员出现伤亡，而且损伤因素多，致伤过程复杂多变，伤员轻重不一。现场也常会起火和爆炸，伤员常被限制在车上狭小空间内，救护难，尤其重特大交通事故发生后更是如此。

（1）损伤机理不同，伤情轻重不均。车辆行驶中常常是突然发生意外交通事故，驾驶员和乘客瞬间向上、向前屈曲，胸部、腹部、双下肢易受伤。车辆正面和侧面常被撞击，挡风玻璃容易发生破裂，致头、面部软组织刺破伤。在急速行驶和乘客睡眠中，在未系安全带的情况下，驾驶员和乘客由于突然紧急刹车或车辆故障常常使颈部过度伸展，造成颈椎瞬间脱位及颈椎骨折而损伤脊髓，此类损伤称为挥鞭样损伤。

（2）伤情严重，易发生休克。车祸发生后，伤情多半严重，伤员常常发生多处伤及内脏损伤。特别是严重的颅脑损伤、胸部损伤和腹部损伤患者早期死亡率高，脊髓挥鞭伤和多处伤患者死亡危险性亦很大。

（3）现场判断难，救护矛盾多。交通事故常见伤为皮肤擦伤、挫伤、撕裂伤、撕脱伤、撞击伤、碾压伤、四肢、脊椎脱位及骨折，四肢离断，挤压综合征，颅脑、胸、腹穿通伤，还有溺水、烧伤及中毒等。现场往往因部位不同、直接暴力和间接暴力大小不同、器官与组织结构不同，其损伤程度也不同。从事故现场人员伤亡情况来看，有些外伤具有暴露性，但有些外伤复杂，具有隐蔽性。亦常常是重伤掩盖着轻伤，颅脑伤、内脏伤、复合伤同时发生，往往在现场难以快速做出判断。交通事故由于发生突然，伤员往往成批出现，且伤情重，需要救护的急迫性和医疗措施也各不相同，亦常常难以正确判断，从而给现场医疗人员的救护带来一定的困难。

突发事件防范与自救

交通救援的基本步骤与原则

发生交通事故后，要迅速报警，现场应统一指挥，确定救助手段，救护人员可结合现场询问，边抢边救，先救重伤后救轻伤患者。交通事故发生的原因各不相同，对各种各样的事故现场，要保持头脑冷静，进行仔细分析、综合判断，实施科学救援。

1. 迅速报警

急救电话：120；火灾救援电话：119；事故处置电话：122；刑事案件报警电话：110。在实施多功能合一的地区，拨打报警电话110即可。

2. 现场抢救

当发生重大伤人事故时，现场要统一指挥，迅速组织人员进行抢救。事故现场如交通不便或难以开展救护，应立即请求综合救援。现场救护应采用"立体救护，快速反应"的原则，缩短伤后至抢救的时间，并善于应用先进科技手段，以提高现场救护的成功率。

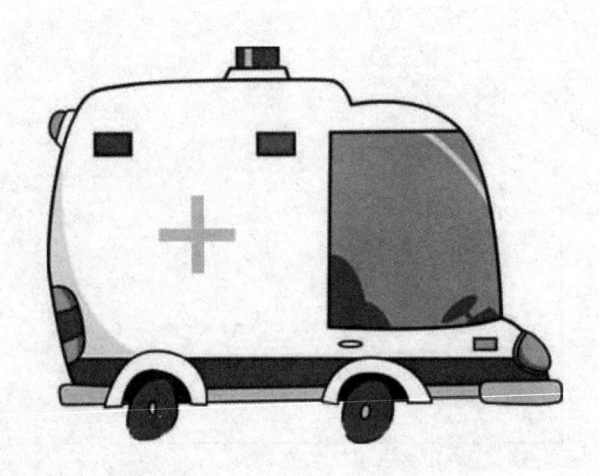

3. 现场调查

车祸发生后，应迅速了解车辆的种类、车辆的行驶速度、人员受伤的基本情况，如年龄、性别、身体健康状况、受伤时间、受伤原因、伤口大小、伤口部位等，这对伤情判断有非常重要的意义。现场应迅速判断有无呼吸、心脏骤停，肝脾脏破裂和胸腹部大出血、颅脑伤等情况，还应注意车祸后因翻车、高处坠落，除引起脊椎骨折和脊髓损伤外，也常会发生骨盆损伤以及多器官的严重损伤。

4. 确定救护手段

交通事故发生后，应将失事车辆引擎关闭，拉紧手制动，特别是在倾斜的地面上，须立即固定车辆，防止车辆滑动。如伤者被压于车轮或其他物体下，禁止强拉、强拽，以免加重受伤的程度。现场需移动车辆时，在人力资源充足或设备齐全的情况下，可用人推、抬，设备进行吊、移等方法，现场禁止人为点火发动车辆，以防止火灾及爆炸发生。

当有人员被挤夹在车内时，要仔细观察，确定人员在车内的具体位置。车祸发生后车辆变形，人员被挤夹不能动弹时，应请求消防救援人员给予切割、撬开、扩张、夹合、引抢、支撑、气垫等救助措施，使其尽快脱险。现场救援及救护人员应对伤员边抢边救，医疗救护人员应以救为主，对伤员实施通气、止血、包扎和维持生命体征的急救措施。

5. 验伤分类

交通事故现场验伤分类的主要目的是区分伤员的轻重缓急程度，进行科学救护。现场救护人员一定要紧密结合事故发生的原因、性质，确认现场情况、伤者受伤的姿势、当时所处的位置、事发后的瞬间变化以及伤者受害最重的部位，进行仔细观察、全面分析，从而做出现场判断，做到按先重伤后轻伤的原则，正确实施现场急救。

6. 先重伤后轻伤

现场经验伤分类后，救治危重伤员是医疗救护的主要任务，应按下列顺序对伤员进行医疗救护。

第一类是危重伤员。如严重头部伤、颈部损伤、昏迷、各类休克、呼吸道烧伤、严重挤压伤、大出血、内脏伤、张力性气胸、颌面外伤、大面积烧伤（30%以上）伤员，对其应优先救护。这里需要强调的是对脊椎损伤尤其是颈椎损伤的伤员不能抱、拖、拽，应将颈椎用力牵引为轴线位，戴上颈托并加上脊柱板把头、面、颈、胸、腹等部位固定，整体水平位搬运，避免脊髓受损或损伤加重导致截瘫，甚至危及生命。对交通事故引起的昏迷伤员，无论有无生命体征，都应按脊髓损伤的处理原则去实施抢救。

第二类是中重伤伤员。主要是指胸部损伤、开放性骨折、小面积烧伤（30%以下）、长骨闭合性骨折伤员。现场要对那些损伤较重、如不及时采取急救措施就可能成为危重伤员的患者实施紧急救护。

第三类是轻伤员。现场表现为损伤较轻，不需要在现场进行特殊处理。

交通事故应急救援行动要求

（1）救援人员在救援过程中必须做好安全防护。现场车辆发生火灾，应及时灭火。

（2）贯彻救人第一的指导思想，迅速抢救人员生命，并及时交由医护人员或送医院救治。

（3）处置高架路（桥）交通事故时，为防途中交通堵塞，同一消防站出动的车辆不能同一方向驶向事故现场。应从不同的入口进入，相向驶向现场。

（4）高速公路发生事故，同向车道易于堵塞，消防车可打开聚灯、跳灯，从反向占用一股车道，快速靠近事故现场。

（5）救援车辆一时无法接近事故现场时，救援人员应先携带轻便的破拆、救生、起重等器材装备，迅速赶赴现场进行救援。

（6）对伴随有化学灾害事故的交通事故，应按照化学灾害事故处置程序进行。

（7）在处置高速公路事故时，应在事故前500米处设置明显的警戒和事故标志；如有雾等视线不清时，应从1000米处开始连续设置警示标志，防止后续车辆司机麻痹再次发生交通事故。

交通现场急救方法

1. 脱离现场

当车祸发生时,应使伤员尽快脱离危险区域,以避免受到燃烧、爆炸、中毒、二次车祸等次生伤害。车辆乘员应迅速停车并打开车门或砸破车窗玻璃撤离事故现场。如果汽车发生火灾,有乘员被困其中时,可用干粉灭火剂或二氧化碳灭火剂迅速进行灭火;如果火灾猛烈难以控制,而油箱还没有破裂或爆炸时,应用雾状水或泡沫灭火剂灭火,并用水不断地进行油箱冷却,尽快使伤员撤离现场。

2. 保持呼吸道通畅

由于颅脑损伤者常有呕吐现象,容易导致误吸,甚至发生窒息。所以抢救人员应注意随时清除口腔中的呕吐物或分泌物,确保呼吸道的通畅。如果发生窒息或呼吸抑制,应立即进行人工呼吸。

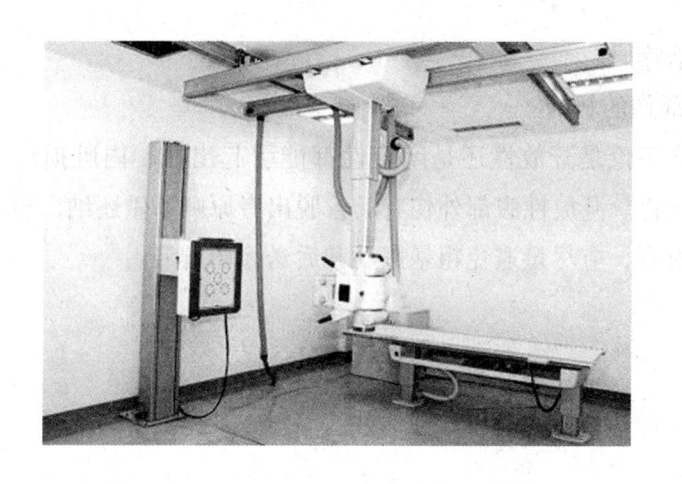

3. 维持生命体征

交通伤一旦发生，往往伤情严重，并导致生命体征的不稳定。所以要随时检查意识、呼吸、脉搏、血压等生命体征，积极纠正导致生命体征不稳定的各种原因，如大出血、气胸、连枷胸等。对此应进行止血、包扎、固定等急救措施，以维持呼吸、循环的基本功能。

4. 颅脑损伤的救治

检查意识、瞳孔以及神经反射，注意头部伤口、血肿的部位以及有无颅骨骨折。对头皮出血可采用加压包扎止血；对于开放性颅脑损伤，应注意妥善包扎以保护脑组织，以免污染和加重损伤；预防脑疝可用冰帽和降温毯，降低脑的耗氧量，并在现场或救护车中使用脱水剂。

5. 胸部伤的救治

胸部创伤时可引起胸廓、胸内脏器官同时损伤，可严重影响呼吸和循环功能。心壁或心包膜血管损伤会导致心包腔内积血，心脏血液回流受阻，需心包穿刺抽血减压。开放性气胸、连枷胸可严重影响呼吸功能，应立即用消毒敷料或用干净的布类堵塞和封闭伤口；连枷胸还需用绷带或宽胶布固定胸廓，尽快

转送医院治疗。

6. 腹部伤的救治

腹部伤不论是开放性还是闭合性都能引起出血、内脏损伤、休克或感染，甚至死亡。开放性腹部外伤有肠管脱出者原则不做还纳，对可疑内部脏器破裂出血者，应尽量避免粗暴搬动和后送途中颠簸。

火灾的防范与自救

突发事件防范与自救

火灾的成因及预防

由于人为因素或客观自然环境造成并具备可燃物、温度、氧化剂三个必要条件，达到能够引起燃烧形式的化学反应，在时间、空间上失去控制并对财产和生命造成危害的，就是火灾。

不难看出，在预防和扑救火灾中，只要掌握燃烧的规律，通过管理手段，对上述三个燃烧条件进行有效控制，或消除燃烧的必要条件之一，或削减燃烧的充分条件（浓度、数量、能量），就可以使燃烧不致发生或不能持续。这是预防火灾、消除火灾的基本措施。

火灾的原生伤害和次生伤害

原生伤害

（1）火焰烧伤。火灾不仅会对物质财产造成巨大的焚毁损失，同时有造成人身伤亡的危险。火焰表面温度可达800℃以上（不同燃烧物的温度不尽一致）。人体所能承受的温度仅为65℃，超过这个温度值，就会被烧伤。深度烧伤，必然损伤内脏，造成严重的并发症并危及生命。

（2）热烟灼伤。火灾中，通常伴有烟雾流动，烟雾中的微粒携带有高温热值，通过热对流，将热量传播给流经的物体。它不仅能引燃其他物质，还能伤害人体，当人吸入高温的烟气，就会灼伤呼吸道，造成组织肿胀、呼吸道阻塞，引起窒息死亡。

次生伤害

由火灾而引起的次生灾害非常多，如烟气爆炸、建筑坍塌、中毒等，这些次生灾害往往会对人体造成难以预料的伤害。常见的次生伤害如下：

（1）浓烟窒息。火灾过程中，伴随燃烧会生成大量的烟气，烟气浓度由单位烟气中所含固体微粒和液滴的多少决定。烟气温度依据其与火源的距离而变化。距火源越近，温度越高，烟气浓度越大。人体吸入高浓度烟气后，大量的烟尘微粒有附着作用，能使气管和支气管严重阻塞，损伤肺泡壁，造成因严重缺氧而窒息死亡。

（2）中毒。现代建筑火灾的燃烧物质多为合成材料，所有火灾中的烟雾均含有毒气体。如 CO_2、CO、NO、SO_2、H_2S 等。现代建筑和装修材料中的一些高分子化合物在火灾高温燃烧条件下可以热解出剧毒悬浮微粒烟气，如氰化氢（HCN）、二氧化氮（NO_2）等。上述有毒物质的麻醉作用能致人迅速昏迷，并强烈刺激人的呼吸中枢和肺部，引发中毒性死亡。资料统计表明，火灾中由于吸入有毒性气体而致死的人数占死亡人数的 80%。

（3）砸伤、埋压。火灾区域的温度根据不同的燃烧物质而有所变化，通常在 1000℃ 上下。在这样的温度下，一般的建筑结构材料在超过耐火极限时，就会坍塌。由于坍塌造成砸伤、摔伤、埋压等伤害是显而易见的。这种伤害主要表现为体外伤或内脏创伤引起的失血性休克。

（4）刺伤割伤。火灾造成建筑物、构筑物坍塌，许多物质经各种理化性质的爆裂都会形成各种形式的利刃物，随时可能刺伤皮肤、肌肉，甚至直接刺（割）破血管和内脏，使人因脏器损坏或失血过多而死亡。

火灾的现场特点

发生火灾的现场往往是人、车、物急速集合的场地。同时伴随有火光、烟尘、水渍、油污等现象。主要具有下列特点：

（1）火灾、烟气蔓延迅速。火灾发生后，在热传导、热对流和热辐射作用下，火势极易蔓延扩大。扩大的火势又会生成大量的高温热烟，在风火压的推动下，高温热烟气以0.3~6米/秒的速率水平或垂直扩散，给人的逃生和灭火救助带来极大威胁和困难。

（2）空气污染、通气不畅、视线不良。火灾情况下通常需要断电（或因火烧断电）。断电后，建筑物内光线极弱，加之烟气的阻隔，基本处于黑暗状态。如果火灾在室外，即使在白天，由于烟雾、水汽的综合作用，人的视线也受到很大程度的影响，同样不利于侦察情况和灭火救人。污染的空气中夹带着有毒物质，可能对一定范围内的人体造成污染性伤害。

（3）人、物集聚，杂乱拥挤。火灾的突发性强，救灾的形势紧迫，因此，在火灾现场经常会发生人员、车辆、交通、指挥方面的混乱。车辆拥挤，马达轰鸣，交通堵塞，各级通信指挥的口令、人员的呼喊声混为一片，给施救造成人为阻滞，降低了灭火救助的效率。

（4）心理紧张，行为错乱。火灾中，人们处于极度的紧张状态，逃生和救生者同样面临着生死的考验。在巨大的心理压力下，面临烈火浓烟，紧张的心理导致思维简单盲目，最终有可能导致判断和行为的错乱，如盲目聚集的行为、重返行为、跳楼行为等，都可能造成不应有的悲剧。救助人员由于心理压力过大，可能造成轻信、失信、胆怯、"热疲劳"性失调等失去理智的不自觉行为，这都会对逃生的救助产生不利影响。

造成火灾及其伤害的原因

在生活或生产过程中,凡超过有效范围,在时间或空间上失去控制的燃烧所造成的灾害,称为火灾。如烧饭或吸烟时将周围的杂物引燃,进而烧毁建筑物和家具,烧伤或烧死人员等。

1. 引起火灾的常见原因

(1) 由人为或自然因素所致的森林火灾。

(2) 人为引起的油库火灾。

(3) 工厂各种可燃物品管理不当造成的火灾。

(4) 生活用火或用电不当。

(5) 雷击。

(6) 烟花爆竹管理不当或燃烧不全。

(7) 交通事故引起油箱燃烧等。

2. 火灾致伤或致死的原因

（1）火灾烟雾引起窒息或直接吸入火焰造成呼吸道烧伤。这是火灾致伤或致死的主要原因。

（2）直接被火烧伤或烧死。

（3）跳楼摔死。这类人大都居住在高楼大厦内。因大火突然降临，慌乱不知所措，被大火逼得走投无路，于是跳楼逃生。

（4）挤伤或踩死。商店、剧院、歌舞厅等人员拥挤的场所，一旦发生火灾，受灾人员夺门而逃，门口、过道或走廊处最易发生人员伤亡。

突发事件防范与自救

火灾的自救与互救

科学实验表明，建筑物内起火后 5~7 分钟内是扑救火灾的最佳时机。如果发现火势并不大，且尚未对人造成很大威胁时，应果断使用灭火器、消防栓等消防器材进行灭火，千万不要惊慌失措地乱叫乱窜，置小火于不顾而酿成大灾。那么，一旦发生火灾，如何进行自救互救呢？

（1）突遇火灾，面对浓烟和烈火要保持镇静，迅速判断危险地点和安全地点。千万不要盲目地跟从人流、相互拥挤、乱冲乱窜。若通道已被烟火封阻，则应向背烟火方向离开。

（2）逃生时要防止烟雾中毒窒息。为防止火场浓烟呛人，可采用毛巾、口罩蒙鼻，匍匐撤离的办法。因烟气较空气轻而飘于上部，贴近地面撤离是避免毒烟伤害的最佳方法。可以向身上浇冷水，或用湿毛巾、湿棉被、湿毯子等将身子裹好，再冲出去。

（3）被烟火围困暂时无法逃离的人员，应尽量待在阳台、窗口等易被人发现的地方。在白天，可以向窗外晃动鲜艳衣物，在晚上可以用手电筒不停地在窗口闪动或者敲击东西，及时发出有效的求救信号，引起救援者的注意。

（4）火场上的人如果发现身上着了火，千万不可惊跑或用手拍打，因为奔跑或拍打时会促旺火势。应赶紧设法脱掉衣服或就地打滚，压灭火苗。

（5）当火势尚未蔓延到房间内时，紧闭门窗、堵塞孔隙，防止烟火窜入。若发现门、墙发热，说明大火逼近。这时千万不要开窗、开门，可以用浸湿的棉被等堵封，并不断浇水，同时用湿毛巾捂住嘴、鼻。一时找不到湿毛巾，可以用其他棉织物替代。如果楼梯脱险已不可能，可利用墙外排水管下滑，或顺绳而下。二、三楼的人可将棉被、席梦思垫等扔到窗外，然后跳在这些垫子上。跳时，可先爬到窗外，双手拉住窗台，再跳，这样可减少一人加一手臂高度，还可保持头朝上体位，减少内脏特别是头颅损伤。

（6）同时要及时报警，我国统一使用火警电话号码为"119"。报警内容应包括如下几点：

①着火的具体单位或地点、着火的物体名称。

②目前火势如何、人员伤亡情况、火场周围的情况、救灾情况。

③报警人的姓名、地址和回电号码。

④报警后应有专人在指定地点等候消防车，并指引最佳救火路线。报警时应保持冷静，以免报错。

在自救互救过程中，应注意以下几点：

（1）一旦发生火灾，绝不能大声叫喊，否则火焰、烟雾极易吸入呼吸道造成损伤或窒息。

（2）逃出火区后，绝不要再回火区寻找贵重物品，否则极易被大火吞噬宝贵的生命。

（3）冲出火区后，如果身上衣服仍在燃烧，应立即就地打滚或跳入附近的水潭、泥池或河中。

同时，平时应采取一些预防措施，以防火灾发生。

（1）切实整改火灾隐患：家庭中的煤气灶、煤气管道、开关、电线等，每年检查一次，一旦发现有火灾隐患，应立即向有关部门报告，并及时检修。

（2）家庭用火，严防火灾隐患：不用汽油等易燃物体引火；倾倒炉灰前一定要完全冷却；不乱扔烟蒂和火柴梗；油灯、蜡烛、蚊香等不放置在可燃物上，并远离可燃物；不在可燃物较多及其他严禁燃放的场合燃放烟花爆竹。

（3）普及消防知识：包括熟练掌握和使用简易灭火器灭火等。

烧伤伤情判断

烧伤面积

烧伤面积是以烧伤部位与全身表面积的百分比计算的。有两种计算方法：

1. 新九分法

头、颈、面各占3%，共占9%；双上肢（双上臂7%、双前臂6%、双手5%）共占18%；躯干（前13%、后13%、会阴1%）共占27%；双下肢（两大腿21%、两小腿13%、双臀5%、双足7%）共占46%。

2. 手掌法

伤员自己手掌的面积约等于自己身体总面积的1%，用手掌面积来计算烧伤面积。

烧伤深度

判断烧伤深度，我国多采用三度四分法。

1. Ⅰ度

Ⅰ度又称红斑烧伤。只伤及表皮，表现为局部皮肤轻度浮肿、灼痛、感觉过敏、表皮干燥，无水泡，需3～7天痊愈，不留疤痕。

2. Ⅱ度

Ⅱ度又称水泡性烧伤。其中，又可分为浅Ⅱ度和深Ⅱ度。

（1）浅Ⅱ度：损伤可达真皮浅层，伤区出现红、肿、剧痛，出现水泡或表皮和真皮分离，内含血浆样黄色液体，水泡被去除后创面鲜红、湿润、疼痛剧烈，渗出多。需8～14天痊愈。

(2) 深Ⅱ度：伤及真皮深层。损坏局部感觉神经，疼痛不明显。水泡破裂或除去腐皮后，创面呈白中透红，并可见细小的栓塞血管网，水肿明显，但疼痛减退。需 20～30 天或更长时间才能治愈。愈后有色素及瘢痕，或需要植皮。

3. Ⅲ度

Ⅲ度又称焦痂性烧伤。皮肤表面及真皮全层损伤，深达皮下组织，甚至肌肉、骨骼。不起水泡，似皮革，创面焦黄或碳化。因皮肤的神经已完全破坏，疼痛程度反而不如Ⅱ度烧伤重。痊愈后留有瘢痕或畸形，需植皮。

烧伤严重程度分类

1970 年，上海全国烧伤会议将成人烧伤分为轻度、中度、重度、特重度四类。

（1）轻度：总面积 10% 以下的Ⅱ度烧伤。

（2）中度：总面积在 11%～30% 或Ⅲ度面积在 10% 以下。

（3）重度：总面积在 31%～50% 或Ⅲ度面积在 11%～20%，或烧伤面积不足 31%（Ⅲ度面积不足 11%），但有下列情况之一者：全身情况严重或有休克；复合伤或合并伤（各类创伤、冲击伤、放射伤、化学中毒等）；中、重度吸入性损伤（吸入性损伤波及喉部以下者）。

（4）特重度：总面积 50% 以上或Ⅲ度面积 20% 以上者。

一般常将Ⅰ度或浅Ⅱ度烧伤合称为"浅度烧伤"，深Ⅱ度及Ⅲ度烧伤合称为"深度烧伤"，深Ⅱ度或Ⅲ度混杂的创面称为"混合度烧伤"。烧伤面积越大，深度越深，危害性越大。头面部烧伤易出现失明、颜面畸形；颈部烧伤严重者易压迫气管，出现呼吸困难，甚至窒息；手及关节烧伤易出现畸形、功能障碍；会阴烧伤易出现大小便困难等。

高楼着火时该如何逃生

先来看看"9·11"期间，日本企业的职员是如何从世贸大厦成功逃生的。

35岁的A先生的公司在纽约世贸大厦北楼89层。灾难发生时他同公司其他5名职员正在办公室内。2001年9月11日8时54分，A先生正在会议室。突然，大楼发出吱呀吱呀的声响，后来就像地震似的摇摆起来。电脑上出现"小型飞机撞击世贸大厦"的消息。为防止烟气进入房间，他们关闭了房门，并向外窗户处移动。

9时05分，烟气开始从门缝向办公室侵入，并渐渐浓起来。这时，收音机里又传来"又一架飞机撞向大厦"的实况转播。突然，他们听到大厦的物业管理人员敲门并说："大家赶快避难"。

大家连忙开始从办公室向避难楼梯转移。尽管避难楼梯很狭窄，但大家都是一个个有秩序地往下走，同时留出楼梯的另一半让从下往上的消防队员们通过。当他们走到第16层和17层之间时，突然停电了，烟也浓了。有人惊慌地向上走，造成了拥堵。这时，消防队员喊道："请走别的避难楼梯"。A先生等人穿过第16层漆黑的楼道来到另一个避难楼梯。他们终于来到大厦一楼，这时大片的玻璃和砖石纷纷落下，消防队员和警察大喊："快跑！快躲开！"A先生疯狂地向北跑去，并成功地成为幸存者。

由于他所在的公司平时曾组织过避难逃生训练，因此这次灾难中无一人遇难。

逃生开门前应先触摸门锁。若门锁温度很高，则说明大火或烟雾已封锁房门出口，此时切不可打开房门。应关闭房内所有门窗，用毛巾、被子等堵

塞门缝，并泼水降温。同时利用手机等通信工具向外报警。

若门锁温度正常或门缝没有浓烟进来，说明大火离自己尚有一段距离，此时可开门观察外面通道的情况。开门时要用一只脚抵住门的下框，以防热气浪将门冲开。在确信大火并未对自己构成威胁时，尽快逃出火场。通过浓烟区时，要尽可能以最低姿势或匍匐姿势快速前进，并用湿毛巾捂住口鼻。

小心电梯。千万不要轻易乘坐电梯，电梯往往容易断电而造成"卡壳"，电梯口直通大楼各层，火场上烟气涌入电梯极易形成"烟囱效应"，人在电梯里随时会被浓烟毒气熏呛而窒息。

逃生时尽量利用建筑物内的防烟楼梯间、封闭楼梯间、有外窗的通廊、避难层和室内设置的缓降器、救生袋、安全绳等。楼梯的安全通道都配有应急指示灯作标志。对于专门设有避难层的高层建筑，如果无法逃离大楼，可以暂时待在避难层等待援助。

发现楼梯被火封锁后该怎么办

（1）可以从窗户旁边的落水管道往下爬，但要注意察看管道是否牢固，以防人体攀附上去后断裂脱离造成伤亡。

（2）将床单撕开连接成绳索，一头牢固地系在窗框或其他固定物上然后顺绳索滑下去。

（3）如因火势封堵无法下楼，可以到楼房的平屋顶暂时避难或移到别的房间躲避，大声呼救求援。

（4）从凸出的墙边、墙裙和相连接的阳台等部位转移到安全区域。

（5）跳楼往往凶多吉少，是最不可取的逃生方式。但如果被困二层楼，迫不得已则可采取双手扒住窗户或阳台边缘，将双脚慢慢下放，双膝微曲往下跳。

楼内房间被火围困时怎么办

　　楼房发生火灾后,要尽量冲出火场或设法转移。火势猛烈,实在无路逃离时,可采用下述方法,等待救援。

　　(1) 坚守房门,用衣服将门窗缝堵住。同时,不断向门、窗泼水。

　　(2) 不断向床、桌椅、被褥等可燃物上泼水。

　　(3) 不要躲在床下、柜子或壁橱里。

　　(4) 设法通知消防人员前来营救。要俯身呼救,如喊声听不见,可以用手电筒照射,或挥动鲜艳的衣衫、毛巾或往楼下丢东西等方法引起营救人员注意。

公共、娱乐场所着火后该如何逃生

（1）看清地形再进入影剧院、商场。首先要观察安全门的位置，了解紧急逃救生路线。这样万一发生危险，可从容脱险。

（2）辨明方向。公共、娱乐场所的墙上、地下、安全出口门上一般都有逃生方向或位置明显标示，应辨明方向，认准安全门、安全出口、避难门的位置，选好逃离现场的路线。

（3）沿着疏散通道往外走，千万不要拥挤、盲从，更不要来回跑。如果烟雾太大或突然断电，应沿着墙壁摸索前进，不要往座位下、角落里乱钻。

（4）不要往舞台上跑。因为舞台可燃物多，安全疏散出口宽度小，而且还要爬梯，很危险。

列车、巴士着火后逃生方案

（1）列车着火后应及时通知列车员迅速拉下设置在车厢连接处的紧急制动阀，使列车停下来，并开启车门让旅客疏散至车下或其他安全车厢，车停后也可打开窗户逃离车厢。空调车厢无可开启窗户的，可利用车厢两头窗户边上专门设置的锤子或其他硬物击碎车窗逃生。

（2）巴士着火应让驾驶员及时将车靠边停放，并打开车门和车窗逃生。空调巴士在后排窗户边上设置专门锤子，可击碎车窗逃生。

山林火灾逃生方案

（1）辨别风向、风力以及火势大小。如果着火地点距离人较远。则应选择逆风方向或与风向垂直的两侧撤离。

（2）如果风大，火势猛烈，并且距人较近，可以选择崖壁、沟洼处暂时躲避。待风势较弱、火势较小时再脱身。

（3）不要顺风跑，因为风速、火速要比人快。

溺水的防范与自救

突发事件防范与自救

溺水致死原因

　　溺水致死的原因是由于呼吸道被水、泥沙堵塞造成急性窒息缺氧。淹没于淡水者，肺内很快吸入大量水分，血液被稀释，出现溶血，细胞内钾离子大量进入血浆，引起高血钾症，导致心室纤颤造成死亡；淹没于海水者，因海水进入肺毛细血管，使血液中大量水分进入肺内，而引起严重的肺水肿，患者多因缺氧或循环衰竭而死亡。遇溺水人员必须争分夺秒地进行现场急救，切不可因急于送医院而失去宝贵的抢救时机。

急救预案

（1）当将溺水者救至岸上后，应迅速检查溺水者的身体情况。溺水者多有严重的呼吸道阻塞，要立即清除口鼻内的淤泥杂草、呕吐物，然后再控水处理。

（2）所谓控水（倒水）处理，是利用头低、脚高的体位，将吸入水分控倒出来。最简便的方法是，救护人一腿跪地，另一腿屈膝，将溺水者的腹部放在膝盖上，使其头下垂，然后再按压其腹、背部。也可利用地面上的自然余坡，将头置于下坡处的位置。用小木凳、大石头、倒扣的铁锅等作垫高物来控水均可。

（3）对呼吸已停止的溺水者，应立即进行人工呼吸，一般以口对口吹气为最佳。急救者位于溺水者一侧，托起其下颌，捏住其鼻孔，深吸一口气

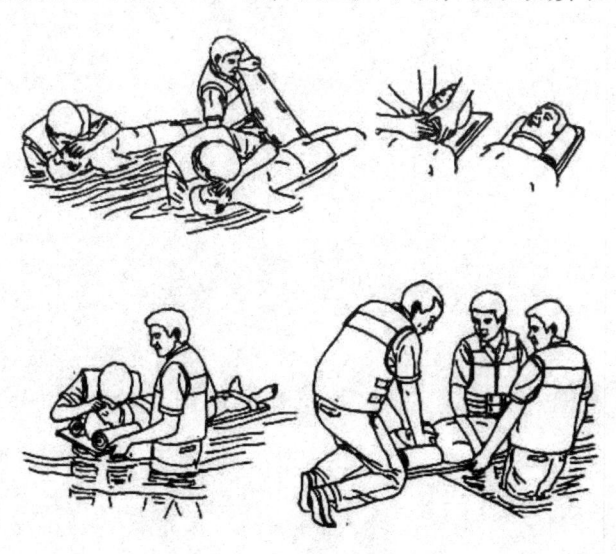

后，往其嘴里缓缓吹气，待其胸廓稍有抬起时，放松其鼻孔，并用一只手压其胸部以助呼气。反复并有节律地进行，直至恢复呼吸为止。

（4）心跳停止者应先进行胸外心脏按压。让溺水者仰卧，背部垫一块硬板，头低稍后仰，急救者位于溺水者一侧，面对溺水者，右手掌平放在其胸骨下段，左手放在右手背上，借急救者身体重量缓缓用力（不能用力太猛，以防骨折），将胸骨压下4厘米左右，然后放松手腕（手不离开胸骨）使胸骨复原。反复有节律地进行，直到溺水者心跳恢复为止。

（5）溺水者经现场急救处理后，立即送往附近医院。

（6）在送医院途中，仍需不停地对溺水者做人工呼吸和心脏按压。

（7）注意保温。如果在严寒的天气或长时间浸在水中，体温急骤下降，应给溺水者裹上棉被之类的东西，以保持其身体温暖。

（8）可用毛巾自溺水者四肢、躯干向前胸摩擦，以促进血液循环。

（9）溺水者神志清醒后，可给予少量的热茶或姜糖水。

心肺复苏法

心肺复苏法包括胸外按压和人工呼吸。

如果现场只有一名未经过心肺复苏培训的施救者,施救者应先给呼吸、心跳停止者进行 30 次胸外按压,而不是进行 2 次通气,避免延误首次按压。

如果这名施救者是经过心肺复苏培训的施救者,有能力实施人工呼吸,进行第一轮胸外按压后,气道已开放,施救者进行 2 次人工呼吸。按照 30 次按压对应 2 次呼吸的比率进行按压和人工呼吸。

如果有两名施救者在场,可以减少开始按压的延误:第一名施救者开始胸外按压,第二名施救者打 120 电话叫救护车、开放患者气道并准备好在第一名施救者完成第一轮 30 次胸外按压后立即进行人工呼吸。

1. 胸外按压法的操作步骤

(1) 将患者仰卧放置在坚实的平面上,有条件的话背部可垫上硬木板,

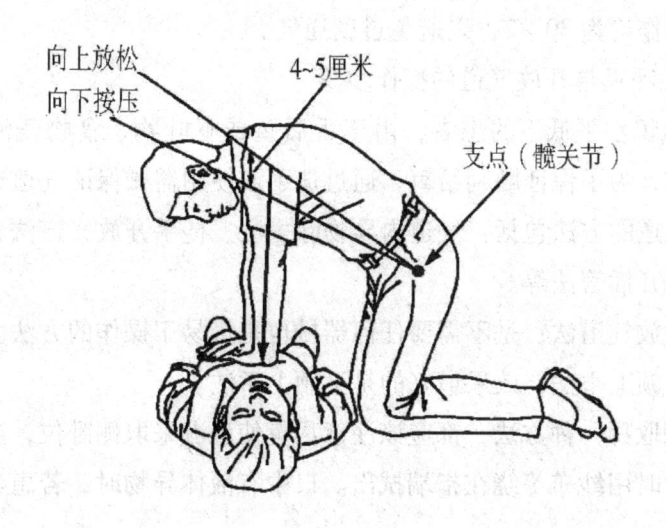

以增加按压时对胸骨的压力，但不要把时间花在找木板上。

（2）解开患者的上衣，袒露胸部，便于施救者观察操作结果，但不可费时间去解开。施救者应位于患者的一侧。

（3）确定按压部位，大致就是胸部的中心部位，准确地说是胸骨下1/3处即剑突上2横指的胸骨体部。

（4）施救者将一只手的掌根放于按压部位，另一只手按在前一只手上。两只手的手指不要触及患者的胸部，以免损伤肋骨。

（5）施救者的肩、肘、手的连线应与患者的胸部垂直，两肘直伸，用上半身的重量作用于胸骨产生压力。

（6）按压速率至少为每分钟100次。请注意，按压速率不再是过去的每分钟"大约"100次，胸外按压不必与呼吸同步。

（7）成人按压幅度至少为5厘米；婴儿和儿童的按压幅度至少为胸部前后径的三分之一，婴儿大约为4厘米，儿童大约为5厘米。请注意，不论是成人还是儿童和婴儿的按压绝对深度都比以前的版本中指定的深度更深。

（8）一次按压完毕手的位置不变，上臂放松。保证每次按压后胸部回弹。尽可能减少胸外按压的中断。

（9）对于成人、儿童和婴儿（不包括新生儿），反复按压30次后可以施予人工呼吸吹气2次。胸外按压与人工呼吸的次数比例，无论是单人操作还是双人操作均为30：2，以避免过度通气。

2. 人工呼吸与开放气道的操作步骤

（1）意识水平低下的患者，由于舌后坠或呕吐物、食物残渣淤积易发生气道阻塞，为了保证顺利给氧，通过徒手或使用器械保证气道通畅十分重要。开放气道的方法包括：气道内异物除去法、徒手开放气道法、气管插管法、气管切开插管法等。

徒手开放气道法：是不需要任何器械也是最易于操作的方法。包括头部后仰法、下颌上举法，效果最好的是下颌上举法。

无论采取哪一种方法，都应该注意尽量使患者采取侧卧位，当口腔内有异物时能及时用纱布等绕在指端拭出。口中有液体异物时，若患者呈侧卧位

也易于排出。

当患者发生脊髓损伤时，不宜采用头部后仰法和下颌部上举法。一般建议学会仰头抬颌法即可。仰头抬颌法的操作步骤：

①操作者位于患者头部的某侧。

②操作者的一只手放于患者的额部使头向后仰伸。

③另一只手的食指和中指抵患者的下颌中央，使口腔闭合并上仰。

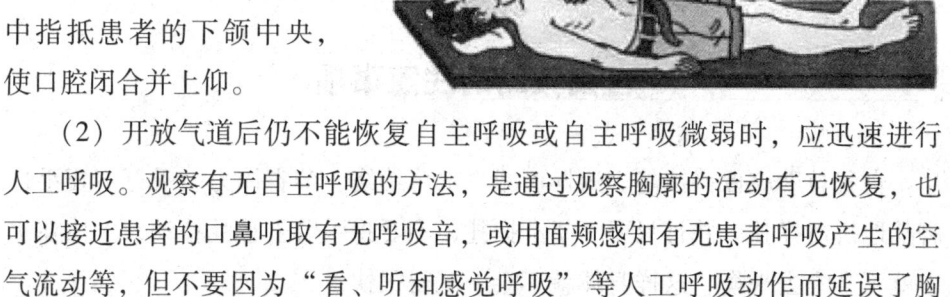

（2）开放气道后仍不能恢复自主呼吸或自主呼吸微弱时，应迅速进行人工呼吸。观察有无自主呼吸的方法，是通过观察胸廓的活动有无恢复，也可以接近患者的口鼻听取有无呼吸音，或用面颊感知有无患者呼吸产生的空气流动等，但不要因为"看、听和感觉呼吸"等人工呼吸动作而延误了胸外按压。

①用头部后曲仰伸等徒手的方法开放气道，捏紧患者的鼻孔。

②操作者大口吸入空气，用自己的口或面罩包住患者的口，慢慢将空气吹入患者的气道，反复吹2次。注意观察患者的胸部，若无胸部起伏显示空气吹入无效，检查自患者的口或鼻有无漏气。若腹部隆起显示气道开放不够，或吹气的速度过快、量过多。

③吹气2次以后，操作者将耳朵放在患者的口边并观察胸部的起伏，如吹气成功患者会自行呼出气体，腹部也会自然回缩。

④按照胸外按摩与人工呼吸的次数比例，无论是单人操作还是双人操作均按30∶2的要求，反复施行2~3次。

遇到溺水怎么办

溺水是指大量水液被吸入肺内，引起人体缺氧窒息的危急病征。在处理此类事件时要注意下列事项。

自我救助的注意事项

自我救助应保持镇静，这样可减少水草缠绕，节省体力。千万不要手忙脚乱地拼命挣扎。并且只要不胡乱挣扎，不要将手臂上举乱扑动，人体在水中就不会失去平衡，这样身体就不会下沉得很快。

除呼救外，落水后应立即屏住呼吸，踢掉双鞋，然后放松肢体。当感觉开始上浮时，尽可能地保持仰位，使头部后仰，使鼻部可露出水面呼吸。呼吸时尽量用嘴吸气、用鼻呼气，以防呛水，同时呼气要浅，吸气要深。深吸气时，人体比重降到0.967，比水略轻，因为肺脏就像一个大气囊，屏气后人的比重比水轻，可以浮出水面。

千万不要试图将整个头部伸出水面，因为对于不会游泳的人来说将头伸出水面是不可能的，这种必然失败的做法将使落水者更加紧张和被动，从而使自救功亏一篑。

当救助者出现时，落水者只要理智还在，绝不可惊慌失措去抓、抱救助者的手、腿、腰等部位，一定要听从救助者的指挥，让他带着你游上岸。否则不仅自己不能获救，反而连累救助者。

对于会游泳者，如果发生抽筋，要保持镇静，采取仰泳位，用手将抽筋的部位向背侧弯曲，可使痉挛松解，然后慢慢游向岸边。

对于手脚抽筋者，若是手指抽筋，则可将手握拳，然后用力张开，迅速反复多做几次，直到抽筋消除为止；若是小腿或脚趾抽筋，先吸一口气仰浮水上，用抽筋肢体对侧的手握住抽筋肢体的脚趾，并用力向身体方向拉，同时用同侧的手掌压在抽筋肢体的膝盖上，帮助抽筋一侧的腿伸直；要是腿部抽筋的话，可同样采用拉长抽筋肌肉的办法解决。

水中救人时的注意事项

　　救人时不宜直接下水，最好的救援方式是丢绑绳索的救生圈或长竿类的东西，千万不要徒手下水救人，可就地取材，树木、树藤、枝干、木块、矿泉水瓶都可用来救人。

　　抢救溺水者需要入水时，必须先脱掉衣裤，以免被溺水者缠住而无法脱身。进到水中后可游到溺水者面前3~5米，先吸大口气（然后）潜入水底从溺水者背后施救，只有这样才不致被对方困住。需知当一个人面临死亡的一瞬间，使出的力量绝对惊人，万一被溺水者缠住，应迅速设法摆脱。摆脱法有两种，一是握紧拳头狠狠重击溺水者后脑，使其昏迷，再将其拖上岸来。二是深吸一口气憋住，把对方压下水底，有如同归于尽，但溺水者这时为了吸气，必定会踩在急救者肩头上，救援者可趁此机会顶住溺水者3~5秒，让其头部露出水面，顺畅换气及观察四周，配合岸上的同伴把木块、木头等漂浮物投入水中，使溺水者抓住任何一物都能保命。

　　在水中要拖着伤者的头颈与上背使成直线尽量不动，并维持脸朝上并露出水面。若溺水者呼吸不理想，即使还在水中仍应开始施予人工呼吸。

溺水者的岸上复苏救护

拨打并通知120，溺水者要以颈椎受伤者的身份进行救治，尽快使其恢复呼吸与心跳。

排除异物：首先清理溺水者口鼻内污泥、痰涕，有假牙（义齿）取下假牙。然后救护人员单腿屈膝，将溺水者俯卧于救护者的腿部上，借体位使溺水者体内的水由气管口腔中排出，将溺水者头部转向侧面，以便让水从其口鼻中流出，保持上呼吸道的通畅，再将头转回正面。急救者从后抱起溺水者的腰部，使其背向上，头向下，也能使水倒出来。

心肺复苏术：做心肺复苏术，如果溺水者呼吸、心跳已停止，立即进行口对口人工呼吸，同时进行胸外心脏按压。

在进行初步的急救后抓紧时间将溺水者送往医院，做进一步观察和救治。

突发事件防范与自救

常见急性中毒的自救互救

煤气中毒急救预案

日常使用的煤气中含有5%~10%的一氧化碳。一氧化碳是无色、无臭、无刺激性的气体，人们根本无法分清吸入的空气中是否含有一氧化碳。一氧化碳被吸入肺后，因其与人血中的血红蛋白的亲和力几乎是氧气的200倍，所以很快与血红蛋白结合，使血红蛋白失去携带氧气的功能，结果引起组织缺氧，严重时丧失功能甚至死亡。人体吸入含有万分之五的一氧化碳的空气时，会引起轻度的中毒症状；吸入含有千分之一的一氧化碳的空气时，会引起中度的中毒症状；吸入含有千分之五以上的一氧化碳的空气时，会引起重度的中毒症状。

煤气中毒症状

煤气中毒按其程度不同，可出现以下症状。

（1）轻度中毒：头昏、乏力、恶心。

（2）中度中毒：面色潮红、口唇呈樱桃红色，同时出现心跳加快、头剧痛、视力模糊。

（3）重度中毒：步态不稳，大小便失禁，神志不清逐渐加重至昏迷，最后因呼吸麻痹而死亡。

注意事项

（1）轻度中毒者应立即打开门窗或逃出现场，禁用明水。若自感煤气

中毒，但已无法站立时，干脆匍匐在地，用湿毛巾捂住鼻子，迅速爬至空气新鲜处。发现深度中毒者，施救者应立即呼救，直接送具备高压氧舱的医院急救；同时松解中毒者的衣扣、皮带，不断清除其呼吸道黏液和异物，以保持呼吸道畅通。

（2）初步检查和紧急处理。要检查中毒者的神志、脉搏、呼吸、面色、瞳孔等，发现心跳呼吸停止者立即进行心肺复苏初级救生术。

（3）拨打"120"急救电话呼救。中度以上的急性中毒者均应送医院救治。

（4）如发现外伤要进行止血、包扎、固定等相应处理。

预防措施

预防煤气中毒的措施，主要有以下几方面：

（1）煤气是导致市民中毒的头号杀手，一年四季均可发生，但寒冷季节发生较多，尤其要注意。

（2）在装修房屋时，一定要注意煤气器具安装安全和煤气器具的质量，严禁私接私装。

（3）小火煮烧时汤水溢出造成煤气熄灭或小火时被风吹灭等，是最多见的引起煤气中毒的原因，在使用煤气时要时刻警惕。

（4）若房间空间太小又密不透风，用煤气淋浴器洗澡时，大量耗氧，使空气中氧含量低于10%，造成环境严重缺氧而引起中毒。应该适当打开窗户，使空气流通。

沼气中毒急救预案

沼气中毒，是指人们在沼气池内清池的过程中，吸入了残留于沼气池内的混合性气体而引起的急性全身性中毒。沼气是一种混合气体，主要成分为甲烷、二氧化碳、氮、氢、一氧化碳和硫化氢。甲烷是天然气、煤气的主要成分，是广泛存在于天然气、煤气、沼气、淤泥、池塘、窨井和煤库中的有害气体之一。当人吸入过多时，有毒气体经肺泡进入血液，很快与体内红细胞结合，形成碳氧血红蛋白，使血红蛋白失去运输氧的能力，造成缺氧血症。同时还能抑制呼吸，导致一系列中枢神经症状。倘若空气中所含甲烷浓度高，氧气含量下降，就会使人产生窒息，严重者会导致死亡。若空气中的甲烷含量达到25%～30%时，就会使人产生头痛、头晕、恶心、注意力不集中、动作不协调、乏力、四肢发软等症状。若空气中甲烷含量超过45%～50%时，就会因严重缺氧而出现呼吸困难、心动过速、昏迷以致窒息死亡。

（1）发生沼气中毒时，应立即将中毒者转移到空气流通的地方，解开衣扣和裤带，保持呼吸道畅通。同时注意保暖，以防发生受凉和继发感染。

（2）对轻度中毒者一般不做特殊处理，可根据情况服用去痛片（索米痛片）、利眠宁（氯氮）等药。

（3）中度中毒者，应针刺人中、涌泉等穴位，及时向120呼救。有条件可进行吸氧或人工呼吸。并尽快送医院，医生在必要时会做气管插管。

注意事项：沼气中毒者若已经出现呼吸抑制，应做口对口人工呼吸以维持气体交换。在换气期间，操作者应以手压迫中毒者胸腹部协助其换气。在待送或送往医院途中，应一直坚持对中毒者做口对口人工呼吸及人工心外按压，不轻易放弃抢救机会。在抢救过程中，注意给中毒者保温。

杀鼠药中毒急救预案

杀鼠药大多属于高毒农药，可经消化道、皮肤、呼吸道进入机体。由于杀鼠药多以毒饵的形式使用，在灭鼠过程中如管理不当，很容易造成人和牲畜中毒。

剧毒急性鼠药是指氟乙酸钠、氟乙酰胺、毒鼠强、毒鼠硅及目前已停止使用的亚砷酸、安妥、灭鼠优、灭鼠安、红海葱、士的宁（马钱子碱、番木鳖碱）等灭鼠药。这类灭鼠药的共同特点是：毒性大、毒力强，进入人畜体内后作用迅速（几分钟至数小时），中毒症状明显。被氟乙酰胺等氟化物毒死的老鼠，因绝大部分毒物未分解，若被猫、黄鼠狼、狗、蛇、猛禽等食肉动物吞食后还会引起二次中毒。剧毒急性鼠药极易发生误食中毒而难以抢救，造成社会性危害。剧毒急性鼠药中毒症状为：轻者有头痛、晕眩、恶心、呕吐、口麻干渴、体温下降、上腹部有烧灼感与压痛、心律过速、嗜睡等；重者四肢阵发性抽搐、口唇发绀、口吐白沫、两眼上翻、大小便失禁、血压偏低等。

（1）磷化锌中毒：要脱离中毒环境，脱去污染衣服，用流动清水冲洗受污皮肤。口服中毒者要急送医院，立即用1%硫酸铜溶液催吐，每5～15分钟服15毫升，连续3～5次。然后用0.5%硫酸铜或1∶2000高锰酸钾溶液洗胃，直至洗出液无蒜味为止。洗胃后，用30克硫酸钠口服导泻。呼吸困难时，给予吸氧、注射氨茶碱等对症治疗。

（2）氟乙酰胺和氟乙酸钠中毒：口服者用1∶5000高锰酸钾溶液或0.5%～2%氯化钙溶液洗胃，口服氢氧化铝凝胶或蛋清保护消化道黏膜。并急送医院救治。

（3）毒鼠磷和除鼠磷中毒：要立即催吐、洗胃。保持呼吸道通畅，给氧。防止肺水肿，掌握输液量。及早应用阿托品。

（4）抗凝血灭鼠剂：及早催吐、洗胃及导泻。用1∶5000高锰酸钾溶液或清水彻底洗胃，然后用硫酸镁导泻，再送医院急救。

（5）安妥：用1∶5000高锰酸钾溶液洗胃，硫酸镁25~30克导泻。静卧、保持安静，呼吸困难者给氧。

（6）毒鼠强中毒：要彻底洗胃，减少毒物吸收。

（7）鼠立死：要催吐、洗胃及导泻等，以排毒减少吸收。维生素B_6、烟酰胺或苯巴比妥均有解毒作用，以维生素B_6效果最好。

注意事项：

（1）磷化锌中毒。忌用硫酸镁导泻，亦不宜用蛋清、牛奶、动植物油类，以免促进磷的吸收。禁用氯解磷定、解磷定等药物，以免增加锌的毒性。

（2）氟乙酰胺和氟乙酸钠中毒。忌用碳酸氢钠。

（3）抗凝血灭鼠剂。洗胃禁用碳酸氢钠溶液。

常见食物中毒急救预案

常见食物中毒原因

食物中毒常因进食被细菌或其他病原体污染的食物所致；也可能该食物本来就对人体有毒，但因进食者无知或冒险，结果造成中毒。常见食物中毒原因如下：

（1）被各种细菌污染的剩饭、剩菜以及被肉毒杆菌污染的各种罐头、变质的食油等。

（2）含过量亚硝酸盐的蔬菜，通常是放置时间过长或腌渍不足。

（3）未煮熟的豆浆、豆角等。

（4）发芽的马铃薯。

（5）鲜黄花菜、霉变甘蔗。

（6）过多食入白果。

（7）毒蘑菇，大都色彩鲜艳。

（8）河豚，血和内脏有毒。

食物中毒主要症状

食物中毒的主要症状常可表现为机体的以下几个系统症状：

（1）消化系统症状，恶心、呕吐、腹痛、腹泻、腹胀等。

（2）神经系统症状，头痛、眩晕、乏力、视物模糊、瞳孔散大或缩小、呼吸困难、抽搐、昏迷等。

（3）精神系统症状，烦躁不安、幻听幻视、狂躁、自言自语、精神错乱等。

（4）血液系统症状，头晕、四肢湿冷、贫血、血尿、皮肤淤斑等。

食物中毒现场急救原则

食物中毒的现场急救原则主要有：

（1）神志清醒者给予催吐洗胃，方法同有机磷农药中毒者救治法。

（2）对有精神症状者要严加护理，防止继发伤害。

（3）对昏迷者要保持呼吸道通畅。

（4）尽快拨打"120"急救电话呼救，紧急处理后送医院治疗。

注意事项

对食物中毒者，应注意以下几个方面：

（1）食物中毒的症状和体征不是全部存在，大都是出现其中某些部分。

（2）进食后数小时至1天内发病，要疑及食物中毒；若一起进食相同食物者，也有类似症状，可基本确定为食物中毒。

（3）若原来就有病，比较难确定，不要急于洗胃处理，应到医院鉴别。

误服清洁剂急救预案

  人服食洗衣粉后会出现上腹痛、恶心、呕吐、腹泻、吐血和便血等消化系统症状，并有口腔和咽喉疼痛等刺激症状。洗涤剂的碱性强于洗衣粉。

  洁厕剂属于强酸性，误服后极易造成食管和胃的化学性烧伤，治疗较为困难。当出现口腔、咽部、胸骨后部和腹部剧烈的烧灼性疼痛时，应警惕强酸洗涤剂中毒。

  漂白粉的毒性主要为皮肤黏膜刺激作用。正常使用过程中可出现轻微的呼吸道刺激症状，少数人有眼睛刺激症状。误服后可以出现口咽、食管、胃黏膜损伤，如恶心、呕吐、胃灼热、泛酸等，严重者可出现低血压、高氯血症、高钙血症等。也可因吸入氯气发生中毒，出现呼吸道刺激症状，如咳嗽、气喘、呼吸困难等，严重者可出现化学性支气管炎、肺炎，甚至肺水肿。

（1）洗衣粉：一旦服食，应尽快催吐。可用筷子、勺把等刺激咽喉部引起恶心呕吐。吐后立即饮牛奶、鸡蛋清、豆浆、稠米汤等以保护胃黏膜，并急送医院进一步救治。

（2）洗涤剂：误饮后应立即给予家庭自救，可立即口服200~300毫升冷牛奶或酸奶、水果汁等。同时可给予少量食用油，以缓解对食管、胃黏膜的刺激（但应禁忌催吐），并送医院急救。

（3）洁厕剂：应立即口服牛奶、豆浆、蛋清和花生油等，并尽快送医院急救。切忌催吐、洗胃和灌肠，以免发生胃肠道出血或穿孔等严重后果。

（4）漂白粉：应立即将患者转移至空气新鲜处，并解开领扣、腰带以保持呼吸道通畅，有条件时给予氧气吸入。但不主张催吐，可立即饮牛奶、鸡蛋清、豆浆、稠米汤等以保护胃黏膜，同时急送医院。

日常生活中的突发事件

突发事件防范与自救

牙痛急救预案

牙痛的滋味，一般的人几乎都体味过，确实使人难以忍受。特别是在夜晚，牙痛起来实在痛苦。掌握必要的应急方法，可减轻一时的疼痛。

龋齿病俗称蛀牙，当病变严重时，就会感到牙痛，尤其在吃较硬食物或遇甜酸、冷热时，疼痛加剧。中老年人若因牙龈萎缩和牙根暴露，也会有酸痛感。当龋齿侵犯到牙髓时，表现为自发性、阵发性剧痛，即在没有任何刺激的情况下也可发生。易在夜间发作，疼痛较白天剧烈，无法入眠，异常痛苦。其原因是卧床后，牙髓腔内的压力增大，加之牙髓化脓，即会产生剧痛。

牙周炎是牙痛的又一原因，表现为牙龈红肿、胀痛，可使牙齿松动、移位，甚至牙周出血和流脓，伴有口臭等症。

（1）龋齿牙痛，可用新鲜大蒜头去皮、捣烂如泥，填塞于龋齿洞内。也可取云南白药适量，用温开水调成糊状，涂于牙周及牙龈部位。用风油精、十滴水搽于患处，或连续用较大量的防酸牙膏刷牙等，均会使疼痛迅速缓解，继而消失。对于牙齿过敏而发生酸痛者，可用小苏打2～3片研碎，溶解于1杯冷开水中，每日漱口多次。

（2）牙神经痛时，可采用冷敷法应急缓解疼痛，也可用棉球蘸取75%的酒精涂于牙痛处2～3分钟，再用酒精棉球压在痛处。或取鲜生姜1片含于痛处。

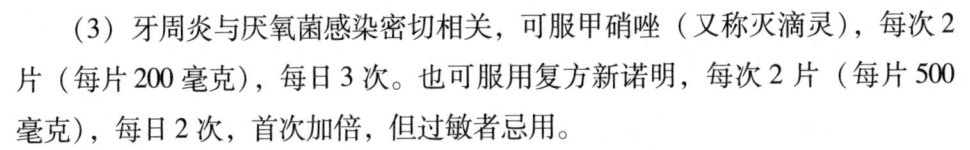

（3）牙周炎与厌氧菌感染密切相关，可服甲硝唑（又称灭滴灵），每次 2 片（每片 200 毫克），每日 3 次。也可服用复方新诺明，每次 2 片（每片 500 毫克），每日 2 次，首次加倍，但过敏者忌用。

（4）对于龋齿合并感染，牙周炎、牙龈炎、牙髓炎等症引起的牙痛，可取六神丸 6 粒加少许黄酒研细，置于龋齿洞内，或将其研细置于牙龈上与唾液混合，可使疼痛迅速缓解至消失。

（5）顽固的牙痛服用止痛片，可减轻一时的疼痛。

（6）防止牙痛关键在于保持口腔卫生，早晚坚持刷牙很重要，饭后漱口也是个好办法。

（7）预防牙病还要应用"横颤加竖刷牙法"。刷牙时要求运动的方向与牙缝方向一致。这样既可达到按摩牙龈的目的，又可改善周围组织的血液循环，减少牙病所带来的痛苦。

（8）牙痛发作时可酌情选用上述方法应急止痛。但这些只是权宜之计，待牙痛缓解时仍应去医院治疗。

鼻出血急救预案

许多人都有过鼻子出血的经历。特别是空气干燥时，鼻黏膜的水分蒸发很快，毛细血管壁弹性降低，变得很脆，更容易鼻子出血。反复大量的鼻出血会使患者高度紧张、恐惧、焦虑，导致血压升高，这样更容易使患者再次鼻出血。

鼻出血是耳鼻喉科常见的急症之一，可以是一种单独的疾病，也可以是全身疾病的首发或继发症状。鼻部病变如鼻外部创伤、鼻部感染、挖鼻孔导致的鼻中隔溃疡、鼻中隔血管扩张、鼻腔黏膜干燥、鼻腔肿瘤或异物等；全身疾病如各种急性传染病、高血压、血小板减少症、白血病以及维生素 C 或维生素 K 缺乏症等都会导致鼻出血。

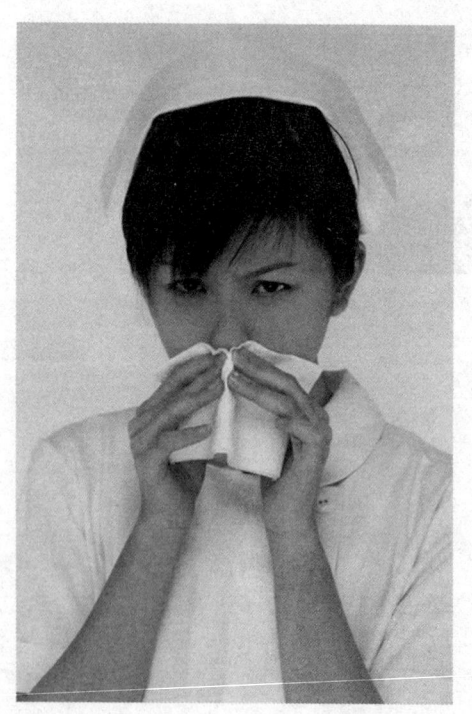

由于鼻中隔前下方血管丰富、表浅，又容易受到损伤，所以这里是鼻出血的好发部位。鼻出血的患者，轻者仅为涕中带血。大量出血或反复出血者，可致贫血或休克。

发生鼻出血时可采取以下措施：

（1）将患侧鼻翼向鼻中隔压紧持续 5 分钟左右，或捏紧鼻腔，前伸下颌，用嘴呼吸数分钟，均有止血作用。

（2）用冷毛巾在鼻背部及额头部进行冷敷，减慢血液循环。

（3）上述方法不能止血时，可用消毒纱布塞入鼻腔，同时用拇指和食指紧捏鼻翼，予以加压止血。

（4）针刺合谷、尺泽穴，也有止血的作用。

（5）如果用以上方法均未能止血或经常发生流鼻血现象时，应及时到医院做详细检查。查明出血原因后，针对病因进行根本性治疗。

（6）患者一定要保持镇静，因精神紧张会使血压增高而加重出血。尤其是高血压患者鼻出血，精神因素更为重要。

（7）如出血流向鼻后部，应立即吐出来而不要咽下去，以免引起呕吐或不利于医生估计出血量。

（8）鼻出血止住后，患者应采取半卧位休息。并且不要在短时间内再用力地捏擦鼻腔，以免再度流血。

呼吸道异物急救预案

呼吸道异物包括喉、气管、支气管内的异物。常见的异物，外源性的有花生米、玉米、豆类、玩具、西瓜子、钱币、纽扣、果核，内源性的有牙齿、痰块、血块等。呼吸道异物多发生于4~5岁的儿童。这是因为小孩声门的保护性能较弱，咀嚼功能也较差，而他们在进食时往往哭笑无常。还有的小孩喜欢将小的玩物含在口中，因惊吓、哭笑或喊叫而突然吸气，就可能将异物吸入下呼吸道。异物吸入下呼吸道后，可以分别停留于喉、气管、支气管中。

喉部异物最为危险，常有剧烈呛咳，出现声音嘶哑和呼吸困难，如异物较大，可窒息死亡。气管异物多为活动性，表现为阵发性剧烈呛咳，并有程度不同的呼吸困难。若异物停留在支气管，阵发性咳嗽、呼吸困难常会减轻，但多伴有发热、痰多等症状。

（1）如果异物鲠于喉中，救护者可从患者后面将其抱起，令头部深深地屈下，然后用手大力地拍后背，很可能使异物吐出。

（2）如果发现已嘴唇青紫或呼吸停止，应马上对患者进行口对口的人工呼吸。

（3）如果是幼儿或婴儿，即可抱着患儿，用1根手指探入喉内刺激喉腔，使异物吐出。可以轻轻地拍打患儿背部，更容易使异物咳吐出来。

（4）如果是成人，可以自己将手伸入口腔内刺激喉腔，通过咳嗽使异物吐出。用力拍打背部有利于排出异物。

（5）如果用以上方法均不能取出异物，应尽快将患者送至就近的医院，在喉镜或支气管镜下取出异物。

（6）在缺乏直接喉镜、支气管镜设备和技术条件下，患者又呼吸困难病情紧急时，可先给氧，并切开气管进行抢救。

（7）救护者必须沉着冷静，设法使小儿不要哭闹，以免进一步加重病情。

（8）教育儿童不要在进食时哭笑、打闹，也不要把小玩具之类放入口中。

（9）对于昏迷的患者要细心护理，预先取下已摇动的假牙。呕吐时将头转向一侧，以免呕吐物吸入下呼吸道。

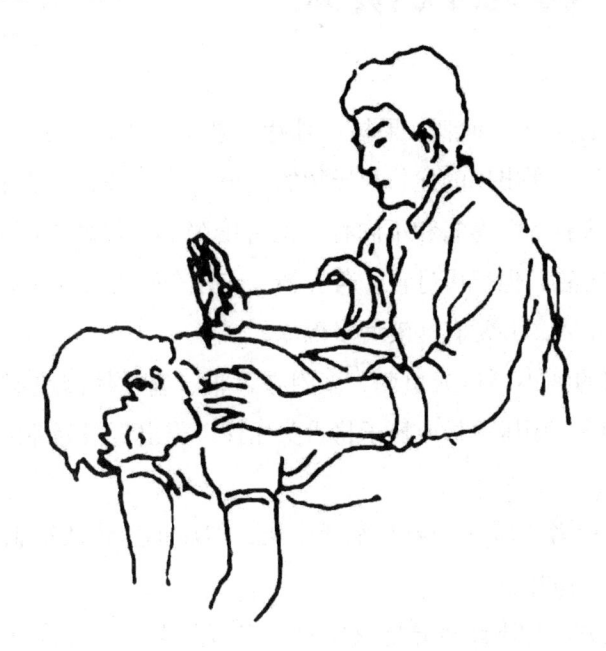

食管异物急救预案

食管常见的异物有鱼刺、果核、骨片、硬币、假牙、小玩具等。发生咽部和食管异物后,所出现的症状与异物的大小、部位和是否伴有感染等因素有关。常见的症状有吞咽疼痛和不同程度的吞咽障碍。异物小而感染不显著时,吞咽时虽有梗阻感,但仍可进食。若异物大或伴有感染时,吞咽困难常表现明显,甚至滴水不入,并常有唾液增多现象。

(1)咽部的细小颗粒或鱼刺,多附在舌根、扁桃体窝或咽后壁上。此时可令患者张大嘴,用压舌板或筷子将舌头压住,露出舌根等部位,然后用镊子取出。

(2)可给患者灌服一些温开水或牛奶,然后迅速设法给患者催吐,使其将鱼刺或其他异物吐出。

(3)上述方法均不能将异物取出时,应请医生在喉镜或食管镜下将异物取出。必要时,也可能需要手术才能将异物取出。

(4)千万不要企图用吞饭团、馒头、韭菜等方法将异物咽下。这种方法不但不可靠,反而有可能将异物推得更深,增加了治疗困难。

(5)注意观察近日大便,因为一些比较光滑的异物如弹子、纽扣、钱币等,很可能跟从粪便一起排出。

冻伤急救预案

所谓冻伤是低温袭击所引起的全身性或局部性损伤。促进其加重的因素有营养不良、过度疲劳、睡眠不足、肢体静止不动、醉酒等。

局部冻伤的症状为冰凉、苍白、坚硬、麻木；红肿、刺痛、灼痛、水疱；皮肤由青紫色、灰白色转为咖啡色。局部冻伤侵害的位置有面部、鼻子、耳郭、肘部、前臂、腕部、手指、脚趾、踝。

全身冻伤开始时皮肤苍白冰凉。复温后面部有水肿，寒战。随体温逐渐降低，患者感觉麻木、四肢无力、极度疲倦、神志恍惚、呼吸慢而浅、心跳过缓，最终昏迷。严重时心跳、呼吸停止。全身性冻伤常发生于高山探险或其他意外中。伤者在寒冷环境下逗留时间过久，保暖防寒措施不够，陷于积雪或浸在冰水中或醉酒、饥饿，均可导致冻伤。

（1）局部冻伤者应迅速脱离寒冷环境尽快复温。可把伤者浸泡在40～42℃的水中，浸泡期间要不断加水，保持水温。待身体复温后停止浸泡。二度以上冻伤，需用敷料包扎好。皮肤较大面积冻伤或坏死时，可注射破伤风抗毒素或类毒素。在野外无温水的条件下，也可把伤者放在未冻伤人的腋下或腹股沟等地方复温。注意：严禁火烤、雪搓或猛力捶打伤者患部。

（2）全身性冻伤时要注意全身保暖，迅速妥善将伤者移至温暖环境，脱掉衣服，盖上被子。用布或衣物裹热水袋、水壶等，放在腋下、腹股沟处迅速升温。或浸泡在34～35℃水中5～10分钟，然后将浸泡水温提高到40～42℃，待伤者出现有规律的呼吸后停止加温。伤者意识清醒后可饮用热饮料。

（3）冻伤部位为鼻、耳、面颊部时，可用温热毛巾捂住复温。

（4）若心跳停止，应在复温同时进行口对口人工呼吸和胸外心脏按压。

鱼刺卡喉急救预案

吃东西时不小心被鱼刺、竹签、鸡骨、鸭骨等鲠住咽喉的意外情况,生活中常有发生。

咽部被鲠处多位于扁桃体上、舌根、会厌溪等处。仓促进食可发生鱼刺等鲠喉,大多有刺痛,吞咽时加重,影响进食。较大的异物还可引起呼吸困难及窒息。人们常用喝醋的方法软化鱼刺,事实上醋只能短暂地在被卡的位置停留,效果十分有限。用吞米饭、馒头等食物的方法将鱼刺硬咽下去则更加危险,有可能刺穿血管,酿成悲剧。

(1) 较小的鱼刺,有时随着吞咽,自然就可能滑下去了。

(2) 民间的方法是喝点醋,然后嚼些馒头咽下。鱼刺遇到酸的东西就会软化,如果是小刺,有可能软化后随吞咽食物而咽下,但此方法不一定完全有效。有时硬吞一些大块馒头,反而会使刺扎得更深。

(3) 最好的办法是去医院,挂耳鼻喉科。喉科医生有喉镜,看后能准确得知刺的位置,只要患者配合,刺很快就能取出。

(4) 刺取出后,有时患者还会觉得有刺扎着,这时不必担心。一般情况下是刺刺破了黏膜,破损的黏膜会产生异物感。

晕车、晕船时的急救措施

乘车、船、飞机时，身体受颠簸震动，刺激耳前庭迷路可引起运动病（又称晕车、晕船、晕飞机）。情绪抑郁、精神紧张、焦虑不安，以及空气污浊、腥臭或见到他人呕吐时，均可诱发或加重此病。

如果容易发生晕船、晕车的情形时，便应找摇荡不那么厉害的座位（例如巴士的前面第二、三排的座位）坐，眼望远方，听收音机或做一些较轻松的事，使精神不致过分集中，就会减少晕船的感觉，其实晕车、晕船的情形与心理作用有很大的关系，如果是小孩子，可用话安慰他，使他们心情安稳。

另一方面，注意不要在乘车时饮过量酒和吃得太饱，尽可能食用较容易消化的食物。如有人呕吐后，应尽快将呕吐物消除，否则会诱发其他没有晕车的乘客也随之发生晕车。如果需要服用晕车药品时，最迟也要在乘车前30分钟服用，否则是没有功效的。

晕车时可将身上的领带、皮带等绑带松开，打开窗门尽量呼吸新鲜空气，同时应面对前进方向，保持心情畅快。也可用力指压耳后凸出的部分，解除脖子紧张，再慢慢指压心窝。因睡眠不足或肚子饿而晕车时，可指压腿部足三里和脚底，再掌压延髓和颈部。

如果出现胸闷或恶心时，可以吐入胶袋或厕所中。如果强硬地忍受着呕吐，反而会感到特别痛苦。

晕船时可以躺下，但如坐立着可以令呼吸较为舒服。在乘船时头晕可以指压耳后凸出的部分、腹部、胃部、肩部上部、背肌等部，令晕船者较为舒适，并可用冷水漱口。如果途中可以停下时，应让晕船者下船安静地休息一段时间。

呃逆时急救措施

呃逆是一种不自主的，膈肌的间歇性收缩运动，空气突然被吸入呼吸道内，同时声带闭合，以致产生一种特殊的声音。一般吃东西过急或受冷时，均会发生呃逆（打嗝）现象。此外，患有某种内脏或神经系统疾病也会引起长时间而连续的呃逆。

（1）尽可能配合好时间，当欲打嗝时闭住呼吸。

（2）饮下少量的水，特别在打嗝的一刻便吞下水，可以停止打嗝。

（3）如果利用这些简单的方法仍未能停止，或者长时间地连续发生打嗝时，有可能是由患者的某种内脏或神经系统疾病而引起的，应即刻接受医生的诊疗医治。

在日常饮食中，如果饮下干食物之类的凝固体时，可能会引起打嗝现象。将口对着纸袋或薄膜胶袋安静而有节奏反复呼吸2～3次，亦可治好。如果打嗝很久时间仍未能停止时，可能会发生不能进食的严重现象，特别是高龄的患者，较难医治，所以应特别注意。

遇到日用化学品中毒怎么办

日用化学用品种类繁多，如果保管和应用不善就会引起误服或者其他形式的中毒。针对不同的化学品，急救方法也有所不同。

1. 洗发剂

也称洗头水、洗发香波，呈水状、糊状或膏状，主要成分为阴离子表面活性剂，如脂肪醇硫酸钠、脂肪醇聚乙烯醚硫酸钠、烷基磺酸钠、烷基硫酸钠等，还含有咪唑啉、甜菜碱等两性表面活性剂。现使用的香波一般不含烷基苯磺酸钠，但多添加有香精、色素。

中毒表现：眼睛接触高浓度香波液可产生刺激作用；误食大量洗发剂后可出现恶心、呕吐、腹痛、腹泻等症状；部分接触者可引起皮肤过敏或哮喘。

急救措施：进入眼睛后，立即用清水冲洗干净；误服者可给服牛奶、酸奶、水果汁或温开水，严禁催吐、洗胃及灌肠。

2. 织物柔软剂

织物柔软剂属阳离子表面活性剂类，主要成分是双硬脂基硫酸甲酯咪唑啉、氯化双十八烷基二甲基铵、壬基酚聚氧乙烯醚、异化妆品类中毒（如香水，主要成分是乙醇及少量香料）。

中毒表现：头痛、无力、恶心、腹痛，血中浓度较高时出现反应迟钝、动作异常、步态不稳、体位性低血压、易怒、呕吐、嗜睡，最后昏迷。患者的呼出气有酒精味，血中浓度超过一定水平时可发生呼吸抑制、心力衰竭致死。

急救措施：一般患者，应卧床休息，适当保暖，以防受凉，可饮浓茶、咖啡或柠檬汁等。大量饮用高浓度乙醇 1 小时内未呕吐者，可引吐，用温水或 1% 碳酸氢钠溶液洗胃，也可以灌入药用炭悬液，必要时可进行血液透析。

3. 染发剂

染发剂主要分为两类。一类通过对头发的色素氧化，改变头发的颜色。这类染发剂的主要成分是氧化剂（6%的过氧化氢）和苯的氨基和硝基化合物类（萘胺、间苯二酚和甲苯胺等），产生永久性染发效果。另一类主要成分为丙二醇、异丙醇（两者约占50%）、酚类化合物（低于1%）以及其他添加剂，有的配方中还含有铅、银、汞、砷和铋（含量均低于0.1%）。这类染发剂染上的颜色随着时间会逐渐脱失。

中毒表现：少量摄入可出现消化道刺激症状，多表现为恶心、腹部不适；大量摄入后可出现无力、头痛、恶心、呕吐、腹痛、发绀、眩晕等；严重中毒者可出现溶血、血压下降、嗜睡及昏迷。苯胺类会引起皮肤刺激症状。

急救措施：皮肤污染要及时用清水冲洗；误食者要及时口服催吐药物或手法催吐，催吐后给患者药用炭对毒物进行吸附；中毒严重者要及时到医院就诊。

4. 消毒防腐品类中毒

空气清新剂及厕所、垃圾箱使用的除臭剂主要成分是对二氯苯，空气清新剂中还加入了香料、清洁剂等。卫生球的主要成分有三种：对二氯苯、萘及樟脑。

中毒表现：出现皮肤、黏膜的刺激症状。误食了以对二氯苯为主要成分的卫生球会有轻度黏膜刺激症状，有恶心、呕吐、腹痛等症状。可出现过敏性皮炎和鼻炎。误食以萘为主要成分的卫生球表现为恶心、呕吐、腹泻、溶血、贫血、黄疸、血尿、少尿等，严重者可有惊厥或昏迷。

急救措施：皮肤接触后要立即用肥皂和凉水彻底清洗；口服者可口服催吐药物或手法催吐，3小时内不要口服牛奶和含脂肪高的食物；昏迷患者可以按压或针刺人中、涌泉等穴，促其苏醒，也可以在十宣穴处点刺放血；对于中毒严重者要及时到医院治疗。

5. 消毒防腐杀菌剂

消毒防腐杀菌剂因能够杀灭细菌和其他病原微生物，在日常生活中得到了广泛应用，医院也用于消毒、作为皮肤清洁剂和用于外伤患者伤口的清创。

消毒防腐杀菌剂一般含有苯甲烃铵、溴棕三甲铵、洗必太（氯己定）等阳离子清洁剂或酒精、甲酚、氯甲酚、氯二甲苯酚、石炭酸（苯酚）、焦油酸、过氧化氢、松油及肥皂等物质中的一种或几种。

中毒表现：皮肤接触局部出现红、刺痒、烧灼感，还可引起全身症状。误服进入体内可出现口腔及咽喉烧灼感、无力、恶心、呕吐、腹泻、昏睡及尿呈棕色，严重者出现呼吸困难、血压下降、意识丧失等。

急救措施：消毒防腐杀菌剂溅入眼睛后要尽快用清水冲洗，持续时间不少于20分钟；皮肤接触者要尽快脱去污染的衣物，用肥皂和清水彻底清洗；对口服量少，仅出现恶心、呕吐者可给口服牛奶，一般能够较快地恢复正常；对接触量较大，或虽接触量少但出现局部或全身中毒改变者要迅速到医院治疗。

抽搐如何处理

抽搐是指全身或局部成群骨骼肌非自主地抽动或强烈收缩，常可引起关节运动和强直。常见于脑部疾病、中毒、传染病、心血管疾病、代谢障碍、产后痉病、子痫、狂犬病、破伤风、小儿惊风等病症。抽搐的引发原因有很多，症状也有很多表现形式。

主要症状

（1）全身强直性抽搐。全身肌肉强直，一阵阵抽动，呈角弓反张（头后仰，全身向后弯呈弓形），双眼上翻或凝视，神志不清。

（2）局限性抽搐。仅局部肌肉抽动，如仅一侧肢体抽动或面肌、手指、脚趾抽动，或眼球转动、眼球震颤、眨眼动作、凝视等。患者大多神志不清。以上抽搐的时长可为几秒钟或数分钟，严重者达数分钟或反复发作，抽搐发作持续30分钟以上者称惊厥的持续状态。

（3）高热惊厥。主要见于6个月到4岁小儿在高热时发生的抽搐。高热惊厥发作为时短暂，抽动后神志恢复快，多发生在发热的早期，在一次患病发热中，常只发作一次抽搐，可以排除脑内疾病及其他严重疾病，且热退后一周做脑电图正常。

应对措施

在遇到突发抽搐患者时，应注意以下几点：

（1）患者一旦发生全身性突然抽搐，应镇静，同时打急救电话。一般抽搐不会立即危害生命，不必惊慌。

（2）立即将患者平放于床上，头偏向一侧并略向后仰，颈部稍抬高，将患者领带、皮带、腰带等松解，注意不要让患者跌落地上。

（3）对抽搐患者应迅速清除口鼻咽喉分泌物与呕吐物，以保证患者的呼吸道通畅与防止舌根后倒，为防止牙齿咬伤舌，应以纱布或布条包绕的压舌板或筷子放于上下牙齿之间。并以手指掐压人中穴位及合谷穴位。

（4）防止患者在剧烈抽搐时与周围硬物碰撞致伤，但绝不可用强力把抽搐的肢体压住，以免引起骨折。当抽搐停止后患者意识未恢复前应加强监护，防止其自伤误伤。

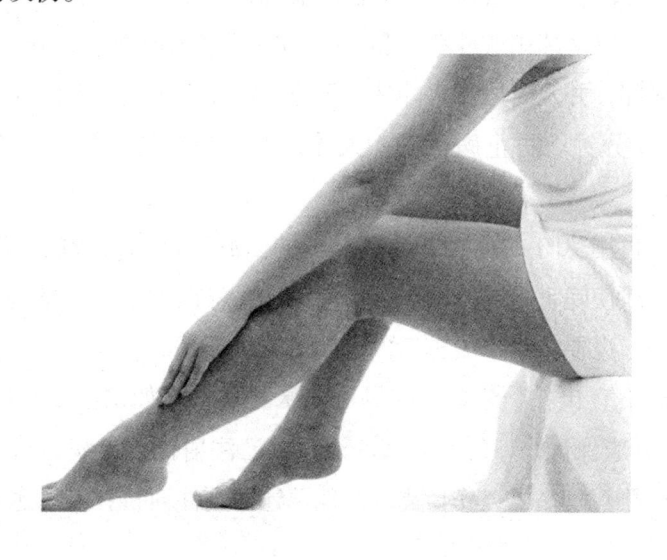

被狗咬伤如何处理

狗咬伤是指人体被犬类动物直接咬、抓所致的常见动物伤。处理此类伤害时要注意以下几点。

被狗咬伤后若伤口在流血，只要不是流血太多，就不要急着止血，可用拔罐等吸出一部分血液，因为流出的血液可将伤口残留的狗的唾液冲走，起到一定的消毒作用。

对于流血不多的伤口，要从近心端向伤口处挤压出血，以利排毒。在伤后的两个小时之内，尽早对伤口进行彻底清洗，以减少狂犬病的发病机会。用干净的刷子，可以是牙刷或纱布，和3%～5%肥皂水或清水充分的冲洗伤口，尤其是伤口深部，并及时用清水冲洗，不能因疼痛而拒绝认真刷洗，刷洗时间至少要持续30分钟。防止病毒进入人体，沿着神经侵入神经中枢，置人于死地。

冲洗后，再用70%的酒精或50°～70°的白酒涂擦伤口数次，伤口处理应该尽快完成，即使晚1～2天甚至3～4天仍不要忽视对伤口的处理，此时如果伤口已经结痂，也要将结痂去掉后按上面的方法处理。

切记伤口不宜包扎、缝口，应尽可能暴露伤口。如果必须包扎缝合（如出血过多），则应保证伤口已彻底清洗消毒并已注射抗狂犬病血清。若咬伤头颈部、手指或严重咬伤时，伤口周围及底部还需要注射抗狂犬病血清或狂犬病免疫球蛋白。

伤者对于其他部位被狗抓伤、舔吮以及唾液污染的新旧伤口，均应同等咬伤处理。经过处理后，伤者应尽快送往附近医院或卫生防疫站接种狂犬病疫苗、破伤风毒素及抗生素。

被猫抓伤如何处理

狂犬病是一种由狂犬病毒引起的急性人畜共患传染病,最易感染的动物是犬科和猫科动物。猫的口腔内有一种螺旋体,人被猫抓伤后,即会染上这种螺旋体而致病。

在遇到猫抓伤时要注意进行以下急救措施。

如果是四肢被猫抓伤,应立即用止血带或干净的毛巾,将伤口的上端5厘米处扎紧,以防毒素扩散。其他部位不用止血带止血。

用清水、生理盐水或高锰酸钾溶液彻底清洗伤口,然后用碘酒或是75%的酒精润湿纱布敷盖伤口。

抓伤严重者要及时送往医院救治,接种狂犬病疫苗、破伤风毒素及抗生素以防止狂犬病的发生。

中暑的急救

在炎热天气或高气温、高湿度的环境下，进行日常生产、生活和训练，容易使人体大量失水、失盐，积聚大量热量，并出现机体代谢紊乱的现象称为中暑。中暑尤其最易发生在室内闷热、通风不畅、防暑降温措施不利，或室外高温下长时间作业、训练，以及过度疲劳、带病工作时。在同样条件下，老人、小孩、孕妇、病患者尤易发病。

病情判断

1. 先兆中暑

在高温环境下活动一定时间后，出现头昏、头痛、多汗、口渴、恶心、心悸、四肢无力、注意力不集中、动作不协调等症状，体温正常或略有上升为先兆中暑。

2. 轻症中暑

轻症中暑除具有先兆中暑的症状以外，还会出现面色潮红、皮肤灼热、胸闷憋气、脉搏频速等症状，体温常在38.5℃以上。这类患者如得不到及时处理，则可发生昏迷、痉挛或高热，从而发展为重症中暑。

3. 重症中暑

根据症状不同，又可分为中暑高热、中暑衰竭、中暑痉挛和日射病。

（1）中暑高热：常发生在持续几天高温或从事高温作业以后，大多发生于老年人或有慢性病患者。由于体温调节中枢功能失调，散热困难，体内积热过多所致。开始有先兆中暑，以后出现头痛、不安、嗜睡、昏迷、面色潮红、闭汗、皮肤干燥灼热、血压下降、呼吸急促、心率快、体温在40℃以上。

（2）中暑衰竭：最为常见，由于大量出汗，发生急性水、盐丢失引起血容量不足。临床表现为面色苍白、皮肤湿冷、脉搏细速、血压降低、呼吸快而浅、昏迷等，肛温在38.5℃左右。

（3）中暑痉挛：大量出汗后只饮入大量淡水，而未补充食盐，血中钠、钾等成分降低，伤病者口渴、少尿、肌肉痉挛、抽搐及疼痛，体温可正常。

（4）日射病：由于过强阳光照射头部，引起颅内温度升高（可达41～42℃），发生颅内水肿。会出现剧烈头痛、头晕、恶心、呕吐、耳鸣、眼花、烦躁不安、意识障碍，严重者发生昏迷。体温可轻度增高。

现场急救

1. 先兆中暑和轻症中暑

脱离高温环境，将患者转至阴凉通风处，解开衣领、领带和裤带。病情较轻者可口服淡盐水、浓茶或绿豆汤等，服用人丹、十滴水、藿香正气水等防暑药物。用凉毛巾、凉水袋或冰块置于患者颈部、腋下、腹股沟等处，或用75%酒精擦浴。也可在足三里、合谷、人中等穴位进行针刺。有条件者可头戴冰帽、进行冷水浴、静脉滴注生理盐水或葡萄糖盐水等。

2. 重症中暑

对中暑衰竭者,有条件者应静注大量葡萄糖盐水,并注意血压。对中暑痉挛者,除静脉补液外,尚须静注10%葡萄糖酸钙。对中暑高热者,应立即将其移至25℃室温的环境中,在颈部、腋下和腹股沟大血管处放置冰袋,并用酒精擦浴全身。也可以浸入到10～16℃的冷水中,只将头露出水面,同时用手摩擦皮肤使其发红,以助散热。但循环衰竭者不宜应用,因其妨碍对循环衰竭的救治。风扇扇风也可以加强皮肤散热,使伤病者体温迅速降下来。必要时用冷生理盐水灌肠、肌肉注射冬眠灵1号等治疗。在降温过程中要注意体温、血压、心率等变化,当肛温下降至38℃左右时,要立即停止降温,以防虚脱。

遭遇拥挤时的自救措施

当灾难来临或是临时发生事故时，往往发生拥挤混乱的状况，一旦不能安全脱离，陷入人潮随时会受伤，甚至威胁生命。此时就需要采取适当自救措施。

（1）镇静。在拥挤发生之初或者不幸身陷拥挤的人流之中，一定要时刻保持镇静，不要乱喊叫或推搡他人，防止造成混乱。

（2）服从。听从事故现场管理人员的指挥调度，配合指挥人员缓解拥挤，避免踩踏事故。

（3）避让。如果发觉拥挤的人群潮水般涌来，应该马上避到一旁，千万不要加入和尾随；拥挤中，如果发现一旁有坚固物体应紧紧抱住，以等待时机脱险。

（4）防护。如果身不由己被裹入拥挤的人群时，要伸出力量较大的那只

手臂，用手掌轻触前面那个人的后背，将另一只手握住撑的那只手的手腕，双臂用力为自己撑开胸前的空间，用小步，稳定重心，随人流移动，不要试图超越别人。

（5）保护。如果陷入极度拥挤之中，为防止造成窒息，要尽力在胸前保持一定空间。应做双臂交叉，双手握住上手臂平抬在胸前的自我保护动作，并尽量坚持，直到情况好转。

（6）迅速站起来。万一被挤倒或绊倒，一方面要大声呼喊寻求周围人员的救助，另一方面要尽快站起来。

（7）危机时刻的球状保护。如果摔倒后局面失去控制，没有办法站起来，就应侧身蜷曲，双膝并拢贴于胸前，十指交叉双手扣颈，双臂护头。

（8）团结互助。注意保管好自己的钱财物品，与朋友待在一起防止被抢被盗。发扬团结精神，维护周围治安环境。